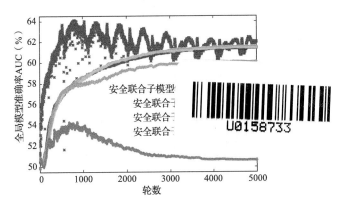

图 5-10　集中式训练、不同概率参数设置（CPP）下的安全联合子模型学习
以及传统联合学习的全局模型准确率

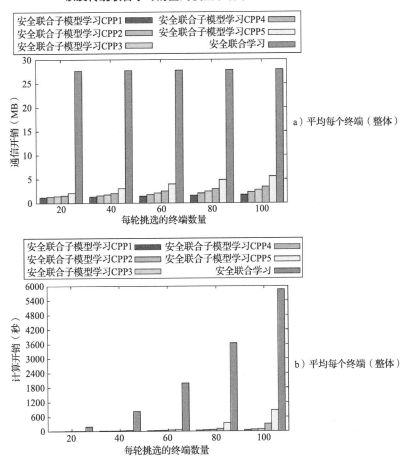

图 5-12　在不同概率参数设置 (CPP) 下的安全联合子模型学习与安全联合
学习中终端和协调服务器平均每轮的通信开销和计算开销

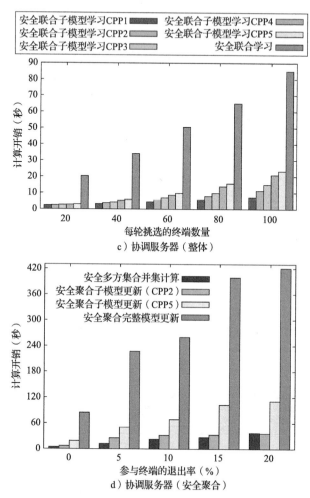

图 5-12　在不同概率参数设置 (CPP) 下的安全联合子模型学习与安全联合
学习中终端和协调服务器平均每轮的通信开销和计算开销（续）

注：在图 5-12d 中，每轮挑选 100 个终端。

CCF优博丛书

物联网数据安全可信的共享技术研究

Privacy Preserving and Verifiable Data Sharing
in Internet of Things

牛超越——— 著

机械工业出版社
CHINA MACHINE PRESS

本书面向数字化转型重要战略中促进数据共享、保护数据安全隐私的核心需求，充分考虑物联网终端和数据的实际特性，在数据迁移和计算迁移模式下分别研究了数据/模型服务交易和终端间联合学习，形成了安全可信的数据共享技术新体系。

本书首先研究了物联网数据服务交易机制，包括精准的关联性隐私量化、可满足的隐私补偿和无套利的查询定价，为数据供需双方构建市场化体制；其次研究了如何在保护数据隐私和模型机密性的前提下，批量验证模型推理结果的正确性；最后面向手机淘宝推荐场景，研究了如何协同大规模异构终端来训练包含亿级特征的深度学习模型。

本书适合安全可信数据共享、端智能等方向的研究者和实践者阅读。

图书在版编目（CIP）数据

物联网数据安全可信的共享技术研究／牛超越著．—北京：机械工业出版社，2022.12（2024.4重印）

（CCF优博丛书）

ISBN 978-7-111-71434-7

Ⅰ．①物… Ⅱ．①牛… Ⅲ．①物联网-数据共享-安全技术-研究 Ⅳ．①TP393.4②TP18

中国版本图书馆CIP数据核字（2022）第150034号

机械工业出版社（北京市百万庄大街22号　邮政编码100037）
策划编辑：梁　伟　　　责任编辑：游　静
责任校对：张亚楠　张　薇　封面设计：鞠　杨
责任印制：常天培
北京机工印刷厂有限公司印刷
2024年4月第1版第3次印刷
148mm×210mm・8.125印张・1插页・173千字
标准书号：ISBN 978-7-111-71434-7
定价：49.00元

电话服务　　　　　　　　　网络服务
客服电话：010-88361066　　机　工　官　网：www.cmpbook.com
　　　　　010-88379833　　机　工　官　博：weibo.com/cmp1952
　　　　　010-68326294　　金　书　网：www.golden-book.com
封底无防伪标均为盗版　　机工教育服务网：www.cmpedu.com

CCF 优博丛书编委会

主　任　赵沁平

委　员（按姓氏拼音排序）：

陈文光　陈熙霖　胡事民

金　海　李宣东　马华东

丛 书 序

　　博士研究生教育是教育的最高层级，是一个国家高层次人才培养的主渠道。博士学位论文是青年学子在其人生求学阶段，经历"昨夜西风凋碧树，独上高楼，望尽天涯路"和"衣带渐宽终不悔，为伊消得人憔悴"之后的学术巅峰之作。因此，一般来说，博士学位论文都在其所研究的学术前沿点上有所创新、有所突破，为拓展人类的认知和知识边界做出了贡献。博士学位论文应该是同行学术研究者的必读文献。

　　为推动我国计算机领域的科技进步，激励计算机学科博士研究生潜心钻研，务实创新，解决计算机科学技术中的难点问题，表彰做出优秀成果的青年学者，培育计算机领域的顶级创新人才，中国计算机学会（CCF）于 2006 年决定设立"中国计算机学会优秀博士学位论文奖"，每年评选不超过10 篇计算机学科优秀博士学位论文。截至 2021 年已有 145位青年学者获得该奖。他们走上工作岗位以后均做出了显著的科技或产业贡献，有的获国家科技大奖，有的获评国际高被引学者，有的研发出高端产品，大都成为计算机领域国内国际知名学者、一方学术带头人或有影响力的企业家。

博士学位论文的整体质量体现了一个国家相关领域的科技发展程度和高等教育水平。为了更好地展示我国计算机学科博士生教育取得的成效，推广博士生科研成果，加强高端学术交流，中国计算机学会于 2020 年委托机械工业出版社以"CCF 优博丛书"的形式，陆续选择 2006 年至今及以后的部分优秀博士学位论文全文出版，并以此庆祝中国计算机学会建会 60 周年。这是中国计算机学会又一引人瞩目的创举，也是一项令人称道的善举。

希望我国计算机领域的广大研究生向该丛书的学长作者们学习，树立献身科学的理想和信念，塑造"六经责我开生面"的精神气度，砥砺探索，锐意创新，不断摘取科学技术明珠，为国家做出重大科技贡献。

谨此为序。

中国工程院院士

2022 年 4 月 30 日

推荐序 I

据国际数据公司（IDC）的统计报告，全球物联网的设备数量已达百亿级，产生的数据量处于泽字节（ZB）规模。海量物联网数据的充分利用，一方面可以有力地驱动科技创新和国民经济增长，在极大地便利人们生产生活的同时，助推制造、交通、医疗、教育、零售、农业等传统行业向"数字化"和"智能化"转型，另一方面可以为自然科学和社会科学揭示新规律，提供新方法。然而，物联网数据作为生产要素缺乏市场化配置机制，数据供给侧存在隐私顾虑，同时数据需求侧存在效用可信顾虑，导致物联网中数据孤岛林立，难以发挥数据间协同作用，数据利用率低下。

为了消除数据共享壁垒，本书从数据供需双侧的隐私和效用需求出发，充分考虑物联网数据的大规模性、关联异质性和经济化属性，以及海量异构终端设备的资源受限和间断可用，在数据迁移和计算迁移这两种互补模式下分别研究了数据模型服务交易和终端间联合学习，形成了以需求刻画为前提、需求满足为核心、需求验证为保障的，安全可信的物联网数据共享技术新体系。

本书首先研究了感知数据分析服务交易机制，重点刻画了供给侧感知数据的时间关联性和需求侧用户的策略行为，面向供给侧实现结合数据关联性的精准隐私量化和可满足的隐私补偿，同时面向需求侧实现无套利的查询定价，为物联网数据的供需双方构建市场化体制；其次研究了模型推理服务中隐私可保护的批量结果验证协议，重点考虑在保护需求侧的测试数据隐私和服务提供商的模型机密性的前提下，批量验证模型推理结果的正确性，打通在数据迁移模式下隐私和效用需求刻画、需求满足与需求验证的完整链路。为进一步突破终端间联合学习已有方法依赖完整模型的局限性，本书提出了基于特征的模型拆分框架、子模型无偏聚合算法、子模型私密特征保护机制，实现了终端协同训练模型的特征规模从万级到亿级的跃升，最终实现了从安全可信的数据迁移到计算迁移的跨越。

最后希望本书能起到抛砖引玉的作用，吸引更多的专家、学者和工程师关注并参与安全可信数据共享和交易的相关学术研究与产业应用，更好地承接推动物联网全面发展、推进数据资源开放共享、培育数据要素市场、增强数据安全保护等国家战略需求。

马华东

北京邮电大学教授

2022 年 4 月

推荐序 II

　　数字化转型是当今世界各国的重要发展战略，也是产业升级的必经之路。美国早在 2012 年奥巴马政府时期就推出了数字政府战略（digital government strategy），并将构建数据共享平台、保护安全隐私作为基本准则。在 2017 年 12 月的中共中央政治局第二次集体学习时，我国领导人提出了实施国家大数据战略，加快建设数字中国的目标，并强调要"推进数据资源整合和开放共享，保障数据安全"。2020 年 2 月，欧盟推出了数据战略（european data strategy），其目标是建立欧洲数字空间，推进自由的数据共享，释放数据价值，以塑造欧洲的数字化未来。在产业界， 2021 年 5 月， Gartner 发文剖析了数据共享在加速产业数字化转型过程中的必要性，同时强调了建立可信机制的重要性。2021 年 9 月， MIT 斯隆商学院也通过发表文章呼吁企业建立数据共享文化以创造更大的产业价值。

　　本书主要致力于推动物联网数据的安全可信共享，以充分发挥数据间协同作用，提高数据利用率。本书首先考虑了数据迁移模式下数据和模型服务交易场景，其中平台侧首先从供给侧采集原始数据，然后利用聚合统计、数据挖掘、机器学习等算法处理数据，最后为需求侧提供数据和模型服务。全书面向供给侧和平台侧提出了结合数据关联性的隐私度量和补偿机制以及服务定价机制，面向需求侧提出了数据和模型隐私可保护的推理结果批量验证协议，并且进一步考虑了计算迁移模式下的终端间联合学习框架。不同于数据迁移需要供给侧与平台侧交换原始数据并集中数据和计算到云上，计算迁移要求交换（中间）计算结果并将数据和计算分散在海量的终端设备上。本书具体研究了如何协同大规模终端构建亿级特征的深度学习模型。由于终端设备资源有限，因此谷歌联合学习原有模型的特征规模被限制在万级。本书提出了子模型拆分计算框架，使得每个终端只需使用其本地特征所对应的局部模型，即可参与协同建模过程，从而摆脱对完整模型的依赖。鉴于终端真实的子模型位置和本地隐私数据之间存在关联性，而终端下载子模型和上传子模型更新会泄露其子模型位置，即泄露其数据隐私，作者设计了基于安全集合并集计算、随机回答、安全聚合的协议，赋予了终端对于其子模型真实位置的抵赖性，从而保证了用户数据的本地差分隐私，最终实现了终端协同建模的特征规模从万级到亿级的跃升。

衷心期待牛超越博士的研究成果能够吸引数据共享和

交易、安全隐私、移动端机器学习等方向的专家学者以及产业界从业者，共同促进安全可信的数据共享，打破数据孤岛，助力社会数字化转型。

祝烈煌

北京理工大学教授

2022 年 6 月

如今的物联网已有百亿量级的终端节点，产生的数据规模也达到了泽字节（ZB）。此外，物联网数据的行业渗透率超过了 60%，年收入达到了万亿元。然而，政府机构、公司企业、用户、终端设备等多个层面存在数据壁垒，未能充分发挥数据间的协同作用，导致数据利用率低下。中国、美国以及欧盟都将打破数据壁垒作为数字化转型的关键，纷纷制定并实施相关的重要国家战略规划，在促进数据共享的同时保证数据安全隐私。Gartner 和 MIT 也突出强调了安全可信的数据共享在商业发展中的重要作用。值得一提的是，Amazon Web Services 已经搭建了数据交易平台 AWS Data Exchange。

牛超越博士主要从数据供给侧和需求侧的视角切入，聚焦导致数据壁垒的根源性问题：①连接数据供需双侧的市场机制缺失；②数据供给侧存在隐私顾虑；③数据需求侧存在效用可信顾虑。基于此，本书提出了可量化、可满足、可验证经济、隐私和效用需求的数据共享新方案。在数据迁移模式下，本书设计了关联性隐私泄露的度量和补偿机制，提出了模型可保护、结果可批量验证的轻量级协议，达成了隐私保护和效用可信的双重目标。在计算迁移模式下，为突破联合学习已有方法依赖完整模型的局限性，本书提出了基于特征的模型拆分框架、子模型更新无偏聚合算法、子模型私密特征保护机制，实现了终端协同训练模型的特征规模从万级到亿级的跃升。

希望牛超越博士的研究成果能对学术界和产业界的相关人员有所帮助，促进共同构建安全可信数据共享的新生态。

上海交通大学教授

2022 年 5 月 31 日

摘　要

　　随着5G、低功耗广域网等网络基础设施的加速构建，数以百亿计的物联网终端设备接入网络，产生了海量的数据。物联网数据的充分利用可以有力地驱动科技创新和经济增长，改善国计民生。由于数据是非独占性资源，具有协同作用，因此数据共享、融合应用能够极大地提升数据利用率。然而，数据作为生产要素缺乏市场化配置机制，同时数据供给侧存在安全隐私顾虑，数据需求侧存在效用可信顾虑，导致"数据孤岛"现象严重，已经成为制约大数据发展的关键瓶颈。

　　为了消除数据壁垒，本书从数据共享多个参与方的安全隐私和效用需求出发，充分考虑物联网数据的大规模性、关联性、异质性和经济化属性，以及海量异构终端设备的资源受限和间歇可用，在数据迁移和计算迁移这两种互补模式下分别研究分析推理服务交易和终端间联合学习，使多方差异化需求得到精准刻画、充分满足和高效验证。本书首先研究了感知数据分析服务交易机制，重点考虑感知数据的时间关联性和用户的策略行为，实现精准的关联性隐私量化、可满足的隐私补偿和无套利的查询定价，为物联网数据的供需双方构建市场化体制；其次研究了模型推理服务中隐私可保护的批量结果验证协议，重点考虑在保护用户的测试数据隐私和服务提供商的模型机密性的前提下，批量验证模型推理结果的正确性，打通在数据迁移模式下隐私和效用需求刻画、需求满足和需求验证的完整链路。本书进一步提出了超大规模终端间联合子模型学习方法及隐私保护机制，面向复杂模型和异质数据突破终端开销瓶颈与模型性能瓶颈，同时保护终端用户可调控的数据隐私，最终实现从安全可信的数据迁移到计算迁移的跨越。本书主要内容总结如下：

1）本书研究了如何交易针对时序感知数据的分析服务，设计了交易机制 HORAE。HORAE 首先基于河豚隐私框架度量存在时间关联的隐私损失，并以可满足的方式补偿具有不同隐私策略的数据提供者。此外，在面向用户灵活的查询进行定价时，HORAE 保证了可盈利性，规避了套利机会。实验将 HORAE 应用到身体活动监测场景，并在实际的 ARAS 数据集上进行了广泛的测试。实验结果表明，与基于条目/群体差分隐私的方法相比，HORAE 可以细粒度地补偿数据提供者。此外，HORAE 可以调控服务提供商的盈利率，同时规避用户的套利攻击。最后，HORAE 只产生较低的在线延时和内存开销。

2）本书针对模型推理服务，研究了服务提供商如何在不泄露模型参数的情况下生成检查推理结果正确性的验证器。此外，用户通常不愿泄露自己敏感的测试数据。为此本

书提出了隐私可保护的推理结果批量验证协议 MVP。MVP
主要利用多项式分解和素数阶的双线性群同时实现了秘密模
型推理和批量结果验证，保护了模型和测试数据的机密性。
实验将 MVP 实例化为支持向量机模型和垃圾短信检测任
务，并在 3 个实际的短信服务数据集上进行了测试。实验结
果主要从计算开销和通信开销两方面表明了 MVP 的轻量化
以及良好的可拓展性。

　　3）本书发现传统的联合学习框架需要每个终端下载和
本地训练完整模型，并上传完整模型的更新。这对于大规模
的深度学习任务和资源受限的移动终端设备来说是不可行
的。为此，本书提出了联合子模型学习框架，解除了联合学
习对大规模全局模型的依赖。在子模型框架下，每个终端只
需下载所需的部分模型参数，即子模型，并上传子模型参数
的更新即可。然而，终端真实所需的子模型在全局模型中的
位置往往对应着它的本地数据，在与协调服务器交互过程中
泄露真实的子模型位置将违背联合学习"数据不离开本地"
的初衷。为此，本书提出了安全联合子模型学习协议，并设
计了安全多方集合并集计算协议作为基石。安全协议主要利
用随机回答、安全聚合以及布隆过滤器，赋予了终端对其子
模型真实位置的抵赖性，从而保护数据隐私。其中，抵赖性
的强度可以用本地差分隐私来量化且允许终端本地调控。作
者实现了原型系统，并在 30 天内的手机淘宝数据集上进行
了广泛的测试。测试结果从模型准确率、通信开销、计算开

销、存储开销等方面证明了方案的可行性，同时显示了联合子模型学习相比于联合学习的巨大优势。

关键词：物联网；感知数据服务定价；隐私可保护的可验证推理；终端设备间联合学习

ABSTRACT

With the proliferation of 5G (5th generation of mobile networks) and LPWAN (low-power wide-area network), tens of billions of IoT (Internet of Things) clients have been connected to the Internet, generating massive amounts of data. The full utilization of IoT data can greatly push techno- logical innovation, accelerate economic growth, as well as improve national wellbeing and the people's livelihood. Further considering data are a kind of non-exclusive resources, and there exists natural synergy among different data sources, data sharing and integration can significantly improve data utility. However, ①IoT data, as a new factor of production, lack a market mechanism to connect both sides of supply and demand; ②on the side of supply, data owners have severe security and privacy concerns; ③on the side of demand, customers cannot verify the integrity of data services. These three fundamental problems have led to a large number of data islands and have become a key bottleneck of big data for development.

To promote data sharing, we identify and quantify the privacy and utility requirements of different parties in the ecosystem and then attempt to satisfy these normally contradictory requirements, which are finally verified in an efficient way. We also fully consider the atypical characteristics of IoT, including the large scalability, complex correlations, high heterogeneity, and economic properties of client data, as well as the resource constraints and intermittent availability of numerous devices. Regarding application scenarios, we focus on the services of data analysis and model inference and cross-device federated learning, which follow the basic and complementary paradigms of data circulation and computation circulation, respectively.

In this thesis, we first studied the trading mechanism design of senor data services and focused mainly on temporal correlations and the strategic behaviors of customers. The proposed design achieved accurate quantification of correlated privacy loss, satisfiable privacy compensation, and arbitrage-free pricing of customized queries. We then studied how to verify the model inference results in a batch way and mainly overcame the key obstacle caused by protecting a customer's test data and the service provider's confidential model. The proposed scheme achieved privacy preserving and verifiable inference. Based on the above two designs, we built the end-to- end pipeline of quantifying, satisfying, and verifying the privacy and utility requirements under the data circulation paradigm. We further proposed a novel and scalable federated submodel learning framework together with a privacy preserving mechanism. Specific to complex deep learning models and heterogeneous data, we broke the bottlenecks of client overhead and model performance, while providing clients with tunable privacy. We finally realized the leapfrog from secure data circulation to secure computation circulation. In more detail, the main contents and major contributions of this thesis are summarized as follows:

First, we studied how to trade data services over the senor data in time series. We proposed HORAE, which is a PufferfisH privacy based market framewOrk for tRAding timE-series data. HORAE first employs Pufferfish privacy to quantify privacy losses under temporal correlations and compensates data owners with distinct privacy strategies in a satisfying way. In addition, HORAE not only guarantees good profitability at the service provider but also ensures arbitrage freeness against cunning customers. We further applied HORAE to physical activity monitoring and extensively evaluated its performance on the real-world ARAS (activity recognition with ambient sensing) dataset. The analysis and evaluation results reveal that HORAE compensates data owners in a more fine-grained manner than entry/group differential privacy based approaches, well controls the profit ratio of the service provider, and thwarts arbitrage attacks launched by customers, while incurring low online latency and memory overhead.

Second, we focused on the model inference services and considered how to enable the service provider to generate proofs of honest predictions without leaking the key parameters of its trained models. In addition, the customers are usually unwilling to reveal their sensitive test data. We proposed MVP, which supports <u>M</u>achine learning inference in a <u>V</u>erifiable and <u>P</u>rivacy preserving fashion. MVP features the properties of polynomial decomposition and prime-order bilinear groups to simultaneously facilitate oblivious inference and batch outcome verification, while maintaining model privacy and data privacy. We further instantiated MVP with SVMs (support vector machines) and extensively evaluated its performance for the spam detection task on three practical SMS (short message service) datasets. The analysis and evaluation results reveal that MVP achieves the desired properties, while incurring low computation and communication overhead.

Last, we identified that the conventional federated learning framework requires each client to leverage the full model for learning, which can be prohibitively inefficient for large-scale learning tasks and resource-constrained mobile devices. Thus, we proposed a submodel framework, where clients download only the needed parts of the full model, namely, submodels, and then upload the submodel updates. Nevertheless, the "position" of a client' s truly required submodel corresponds to its private data, while the disclosure of the true position to the cloud server during interactions inevitably breaks the tenet of federated learning. To integrate efficiency and privacy, we designed a secure federated submodel learning scheme coupled with a private set union protocol as a cornerstone. The secure scheme features the properties of randomized response, secure aggregation, and Bloom filter, and endows each client with customized plausible deniability (in terms of local differential privacy) against the position of its desired submodel, thereby protecting private data. We further instantiated the scheme with Alibaba's e-commerce recommendation, implemented a prototype system, and extensively evaluated over 30-day Taobao user data. Empirical results demonstrate the feasibility and scalability of the proposed scheme as well as its remarkable advantages over the conventional federated learning framework, from model accuracy and convergency, practical communication, computation, and storage overhead.

Key Words: Internet of Things; Pricing of Sensor Data Services; Privacy Preserving and Verifiable Inference; Cross-Device Federated Learning

目　录

丛书序

推荐序Ⅰ

推荐序Ⅱ

导师序

摘要

ABSTRACT

插图索引

表格索引

算法索引

第 1 章　绪论

1.1　研究背景与意义 ……………………………………… 1

1.2　关键科学问题 ………………………………………… 4

1.3　研究内容与贡献 ……………………………………… 8

1.4　本书组织结构 ………………………………………… 17

第 2 章　相关研究工作

2.1　数据交易 ……………………………………………… 20

2.2　可验证计算 …………………………………………… 23

2.3 安全模型推理 ·· 24

2.4 终端间联合学习 ······································ 28

第3章 感知数据分析服务中隐私补偿及查询定价 机制

3.1 引言 ··· 34

3.2 技术准备 ··· 38

    3.2.1 系统模型 ·· 38

    3.2.2 河豚隐私框架 ································· 39

    3.2.3 马尔可夫被干扰机制 ·················· 41

3.3 交易机制设计 ······································· 44

    3.3.1 隐私度量 ·· 44

    3.3.2 隐私补偿 ·· 51

    3.3.3 查询定价 ·· 54

3.4 实验评估 ··· 61

    3.4.1 实验设置 ·· 62

    3.4.2 细粒度的隐私损失和隐私补偿 ······· 62

    3.4.3 鲁棒的查询定价 ··························· 66

    3.4.4 计算开销与内存开销 ···················· 70

3.5 本章小结 ··· 71

第 4 章　模型推理服务中隐私可保护的批量结果验证协议

4.1　引言 …………………………………………………… 72

4.2　技术准备 ……………………………………………… 76

　　4.2.1　支持向量机 …………………………………… 77

　　4.2.2　密码学背景知识 ……………………………… 77

4.3　问题建模 ……………………………………………… 81

　　4.3.1　系统模型 ……………………………………… 81

　　4.3.2　安全需求与攻击模型 ………………………… 83

4.4　设计原理 ……………………………………………… 86

4.5　底层理论协议设计 …………………………………… 91

　　4.5.1　面向点积的设计 ……………………………… 91

　　4.5.2　面向平方欧氏距离的设计 …………………… 94

　　4.5.3　复杂度分析 …………………………………… 97

　　4.5.4　安全分析 ……………………………………… 98

4.6　顶层应用协议设计 …………………………………… 102

　　4.6.1　面向支持向量机的设计 ……………………… 103

　　4.6.2　面向其他机器学习算法的拓展 ……………… 111

4.7　实验评估 ……………………………………………… 113

　　4.7.1　实验设置 ……………………………………… 113

　　4.7.2　计算开销 ……………………………………… 115

4.7.3 通信开销 ·············· 123

4.7.4 模型管理者的开销 ············· 124

4.8 本章小结 ················ 125

第5章 超大规模终端间联合子模型学习方法及隐私保护机制

5.1 引言 ·················· 126

5.1.1 产业界场景驱动 ············· 127

5.1.2 联合子模型学习框架 ··········· 130

5.1.3 新引入的隐私风险 ············ 131

5.1.4 基本问题和挑战 ············· 133

5.1.5 设计与贡献总览 ············· 136

5.2 技术准备 ················ 139

5.2.1 安全隐私需求 ·············· 140

5.2.2 随机回答 ················ 143

5.3 协议设计 ················ 144

5.3.1 设计原理 ················ 144

5.3.2 设计细节 ················ 149

5.4 理论分析 ················ 162

5.4.1 安全隐私分析 ·············· 163

5.4.2 复杂度分析 ··············· 174

5.5 实验评估 ················ 178

5.5.1 实验设置 ·············· 178

5.5.2 模型准确率与收敛性 ············ 182

5.5.3 通信开销 ·············· 185

5.5.4 计算开销 ·············· 189

5.5.5 内存与磁盘开销 ············ 191

5.5.6 拓展性讨论 ·············· 191

5.6 本章小结 ················ 193

第6章 总结与展望

6.1 工作总结 ················ 194

6.2 研究展望 ················ 197

6.2.1 数据和模型交易 ············ 198

6.2.2 端云协同 ·············· 200

参考文献 ·················· 203

攻读博士学位期间发表的学术论文 ············ 219

攻读博士学位期间申请的发明专利 ············ 221

攻读博士学位期间参与的科研项目 ············ 222

致谢 ···················· 223

丛书跋 ··················· 226

插图索引

图 1-1　面向参与方隐私效用需求的数据共享整体流程 … 5

图 1-2　基于数据迁移模式的数据和模型服务交易框架 … 11

图 1-3　基于计算迁移模式的终端间联合学习框架 ……… 11

图 1-4　本书组织结构 ……………………………………… 19

图 3-1　针对状态 X_t（深灰色），用于计算隐私损失上界
　　　的马尔可夫被的简洁集合（浅灰色） ………… 49

图 3-2　身体活动监测数据服务交易场景下无界的隐私
　　　补偿 …………………………………………… 64

图 3-3　身体活动监测数据服务交易场景下有界的隐私
　　　补偿 …………………………………………… 65

图 3-4　身体活动监测数据交易场景下无界的高端查询
　　　定价 …………………………………………… 67

图 3-5　无界的基本定价函数和高端定价函数的无套利性 … 70

图 4-1　MVP 协议的流程 ………………………………… 76

图 4-2　底层安全算子协议的设计原理（以平方欧氏距
　　　离为例） ……………………………………… 87

图 4-3　推理结果批量验证协议的设计原理（以基于径
　　　向基核函数的支持向量机为例） …………… 90

图 4-4　MVP 中平均每个测试样本的秘密推理开销 …… 116

图 4-5　MVP 中平均每个测试样本的结果验证开销 …… 120

图 4-6　MVP 与朴素方案在整体结果验证开销方面的比较 … 122

图 4-7　通信开销　……………………………………　124

图 5-1　联合子模型学习框架　………………………　130

图 5-2　联合子模型学习框架下需要解决的两个基本安
　　　　全问题　………………………………………　133

图 5-3　与传统的安全联合学习（联合学习结合安全聚
　　　　合）相比，联合子模型学习直接结合安全聚合
　　　　依然会泄露终端的真实索引集和子模型更新给
　　　　不可信的协调服务器　……………………………　135

图 5-4　安全联合子模型学习协议的整体流程　…………　137

图 5-5　安全联合子模型学习实现的设计目标　………　138

图 5-6　安全联合子模型学习的设计原理　……………　145

图 5-7　随机索引集生成　………………………………　154

图 5-8　安全多方集合并集计算　………………………　160

图 5-9　面向基于深度兴趣网络的点击率预估任务，从
　　　　一个淘宝用户的视角来看安全联合子模型学习
　　　　的原型系统流程　………………………………　181

图 5-10　集中式训练、不同概率参数设置（CPP）下的
　　　　　安全联合子模型学习以及传统联合学习的全局
　　　　　模型准确率（见彩插）　………………………　183

图 5-11　联合均值与联合子模型均值的比较　…………　184

图 5-12　在不同概率参数设置（CPP）下的安全联合子模
　　　　　型学习与安全联合学习中终端和协调服务器平
　　　　　均每轮的通信开销和计算开销（见彩插）　……　186

表格索引

表 3-1 在每个时间戳隐私损失的上界 …………………… 63

表 3-2 平均处理每次查询的计算和内存开销 …………… 71

表 4-1 短信服务数据集、模型参数和中间计算结果的
统计信息 ……………………………………… 115

表 5-1 安全联合子模型学习（其中的安全多方集合并
集计算）与基准安全联合学习处于相同安全隐
私程度时的通信、计算和空间复杂度 ………… 177

表 5-2 手机淘宝数据集的统计信息 …………………… 179

表 5-3 不同的概率参数设置（CPP）及保证的隐私程
度，其中 CPP1 对应着将联合子模型学习直接与
安全聚合结合，CPP5 与安全联合学习的安全隐
私程度相同 …………………………………… 182

算法索引

算法 3-1　马尔可夫被干扰机制 …………………………………… 43

算法 5-1　安全联合子模型学习 …………………………………… 150

算法 5-2　终端 i 的随机索引集生成 …………………………… 157

算法 5-3　安全多方集合并集计算 ………………………………… 160

第1章

绪论

1.1 研究背景与意义

随着5G、低功耗广域网等网络基础设施加速构建，海量异构的终端设备（例如智能手机、可穿戴设备、智能家居、机器人、自动驾驶汽车、无人机、环境监测设备、人体体征检测仪器等）接入网络，物联网进入以基础性行业和规模消费为代表的第三次发展浪潮。根据中国信息通信研究院于2019年11月发表的《物联网终端安全白皮书（2019）》[1]，截至2019年，全球物联网设备连接数量已达到110亿，其中消费物联网终端数量达到60亿，工业物联网终端数量达到50亿；据GSMA预测，2025年全球物联网设备联网数量将达到250亿，其中消费物联网终端连接数量达到110亿，工业物联网终端连接数达到140亿。此外，物联网加速与数据挖掘、人工智能、边缘计算、区块链等新技术结合，呈现"边缘的智能化、连接的泛在化、服务的平台化、数据的延伸化"新特征。根据中国信息通信研究院于 2018 年 12 月发表的《物联网白皮书》[2]，全球物联网产业规模由 2008 年的 500 亿美元增长至 2018 年的 1 510 亿美元，行业应用渗透率从 2013 年的 12%增长到 2017 年的超过 29%，并预测 2020 年超过 65%的企业和组织将应用物联网的产品和方案。

在物联网的运行脉络中起着"血液"作用的数据，记录着终端节点的实时状态，经处理分析后可以直接服务终端用户或辅助政府和企业做出科学决策。物联网数据的充分利用，一方面有力地驱动科技创新和国民经济增长，在极大地便利人们生产生活的同时，也助推制造、交通、医疗、教育、零售、农业等传统行业向"数字化"和"智能化"转型；另一方面可以为自然科学和社会科学揭示新规律、提供新方法。由于数据是非独占性资源，具有协同作用，即多个数据点作为一个整体的价值通常远大于各个数据点价值的简单相加。因此，数据共享、融合应用能极大地提升数据资源的利用率，这也是大数据发展的必然趋势。例如，面对广泛部署的各类物联网系统，如果能实现多源感知数据（如环境监控数据、视频监控数据等）的高效融合，将为城市的规划管理、生产生活的安全保障和自然生态环境的优化做出巨大贡献；如果能在不同医疗机构间有效地共享体检报告、病理报告、药物报告、治疗方案等数据，将为病理分析、疾病诊断和大规模流行病的预防控制带来巨大价值；如果能有效地整合分析各类生产和消费数据，将有利于宏观经济掌控，优化行业发展，促进经济增长。

　　然而，由于缺乏安全可信的数据共享机制，现有的海量物联网数据被数据拥有者排他性地在内部分析和使用。数据缺乏流通，未能充分发挥数据的协同作用，导致数据利用率低下。"数据孤岛"林立的现状已经成为制约大数据发展的瓶颈，也导致基于数据驱动的机器学习和深度学习等技术成为"空中楼阁"。从数据供需双方来看，数据共享不足的根源在于：①数据作为生产要素需要构建合理的市场化配置体制[3]以激励数据共享，目前主要缺乏面向供给侧的酬劳补偿机制和面向需求侧的定价机制；②数据供给侧存在安全隐私顾虑，尤其当面临敏感机密数据时。近年来国内外频发的大规模隐私泄露事件进一步加深了数据供给方的顾虑。例如，在2018年美国脸书公司的数据丑闻中，8 700万用户的数据被非法地泄露给英国剑桥分析公司用于政治活动[4]。同年，万豪国际和华住酒店集团分别发生了5亿名宾客信息被泄露[5]和5亿条用户信息被暗网售卖[6]的丑闻。在2021年国际消费者权益保护日，遭中国3·15晚会曝光的9起事件中有3起涉及用户数据隐私问题[7-9]，其中一起事件是智联招聘、猎聘平台在企业账号管理方面存在漏洞，导致用户简历大量流向黑市，付费就可随意下载[7]；③数据需求侧存在效用可信顾虑，尤其面对日益增多的虚假数据和虚假推荐[10-11]，如何验证数据来源的真实性和质量以及如何验证数据计算结果的精准性越发重要。

面对大数据"不愿""不敢""不会"共享的现实困境[12]，本书从隐私安全、效用可信的需求出发，充分考虑物联网数据的大规模性、关联性、异质性和经济化属性，以及海量异构终端设备的资源受限和间歇可用，对安全可信的数据共享技术展开研究，最终为实现物联网多方数据资源安全高效的整合利用提供坚实的理论基础和关键技术支撑。

1.2 关键科学问题

如图 1-1 所示，数据共享一般涉及 5 种参与方，分别是供给侧、平台侧、需求侧、监管侧，以及第三方服务侧。供给侧是数据资源或者数据初步/局部计算结果的提供者。平台侧是供给侧和需求侧之间的纽带，面向供给侧主要负责整合处理多源异质数据或者聚合多方计算结果；面向需求侧负责提供多样化的数据和模型服务，例如原始数据、不同版本的聚合数据、查询服务、数据分析、机器学习模型的推理与训练等。平台侧的引入有利于打通从供到需的数据迁移和计算迁移链路，以及从需到供的需求反馈链路。需求侧是数据和模型服务的发起方与消费者。第三方服务侧主要提供数据评估、模型评估、平台评估、隐私安全检测等服务，对数据共享起到辅助作用。监管侧通常由政府部门等可信机构担任，主要负责对参与方进行资格审查，并对数据共享的整条链路进行安全监管、金融监管和追责溯源。

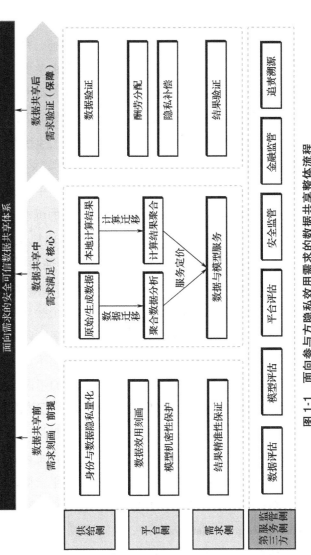

图 1-1　面向参与方隐私效用需求的数据共享整体流程

数据共享的全流程需要考虑各参与方在隐私和效用双维度的需求。如何使多方需求能够得到准确刻画、充分满足以及高效验证是数据共享前、中、后三阶段的关键。首先，需求刻画是前提，主要考虑在数据共享前参与方需求的可表达、可量化问题，具体包括：①供给侧如何表达和量化身份隐私及数据机密性；②平台侧如何面向供给侧刻画数据质量和价值，例如数据的内在质量和上下文质量，以及单点数据的价值和组合数据的价值，此外，平台侧还有面向需求侧保护数据处理算法和模型机密性的诉求，例如保护数据分析函数的关键参数、神经网络的权重等；③需求侧如何面向平台侧表达对数据处理精准性的诉求，包括计算正确性和结果准确性。其次，需求满足是核心，重点考虑如何在数据共享中协同并充分满足多个参与方的差异化需求，主要采用数据迁移（又称"数据走计算不走"或"数据可见"）和计算迁移（又称"数据不走计算走"或"数据不可见"）两种模式，两种模式的不同点在于供给侧和平台侧交换的是数据还是计算结果。①在数据迁移模式下，供给侧主要提供原始数据或生成数据，平台侧负责聚合分析数据，例如应用数据清洗、聚合统计、数据挖掘、机器学习的相关算法，主要的计算在平台侧，此外，基于数据迁移模式的技术主要包括数据交易机制设计（mechanism design for data trading）、访问控制（access control）和数据发布（data publishing）。②在计算迁移模式下，供给侧提供基于本地数据的计算结果，而平台侧负责聚合计算结果，实现了数据（尤其是对于平台侧）不可见和隐私保护，同时保证数据可用。主要的计算从平台侧被分布式地卸载到了供给侧。基于计算迁移模式的安全可信技术主要有安全多方计算（secure multi-party computation）和联合学习（federated learning），其中安全多方计算主要面向基本的数学运算，例如加法和乘法、集合交集和并集计算等，而联合学习作为一种特殊的多方计算方法，主要面向复杂的机器学习和深度学习任务。最后，需求验证是保障，主要考虑在数据共享后如何验证参与方的需求是否得到满足，具体包括：①平台侧、需求侧和监管侧如何验证供给侧数据源的真实性；②平台侧如何面向供给侧评估贡献度和隐私损失程度，并进行合理的酬劳分配和隐私补偿；③需求侧如何高效地验证平台侧数据和模型服务结果的精准性。

除了上述一般数据共享场景中存在的隐私和效用需求难刻画、难满足、难验证的问题之外，物联网数据共享还有其特殊性，具体体现在以下方面。①终端设备和整体数据的大规模性与单个终端数据的稀少性。根据国际数据公司（International Data Corporation，IDC）的报告[13]，目前全球物联网的设备数量处于百亿级、数据量处于泽字节（ZB）规模。相比全局数据的大规模性，单个终端本地的数据量和数据特征稀少。②终端设备的异构性以及终端数据的异质性和关联性。不同类型的终端设备在底层操作系统、上层应用、通信传输方式、性能、所处环境等方面的差异明显。同一类型、不同型号的终端设备也存在明显的差异。此外，不同终端上的数据往往数据量不均衡且分布不一致。终端数据内部也存在复杂的关联性，例如时间关联性和空间关联性。③终端设备资源受限、间歇可用且可靠性低。终端设备的计算、通信、存储等资源受限，通常存在掉线、宕机等现象。此外，不同于云服务器受数据中心完全控制、可靠性高，终端设备可控性低、可靠性差，易受攻击成为恶意节点。上述物联网的特点对设计安全可信的数据共享方案提出了可拓展性好、轻量化、强鲁棒性等额外要求，因此方案设计颇具挑战。

1.3 研究内容与贡献

本书主要研究基于数据迁移模式的数据和模型服务交易以及基于计算迁移模式的终端间联合学习，整体框架分别如图 1-2 和图 1-3 所示。两种数据共享框架的主要不同点在于，数据和模型服务交易需要聚合原始数据且主要的计算在云服务器上，而终端间联合学习无须共享原始数据且主要的计算分布在终端设备上。进一步地讲，数据和模型服务通过将数据和计算上云，充分发挥云服务端资源充足、稳定性高、设备同构性和数据同质性高的优势，以规避物联网终端的劣势。对比之下，终端间联合学习则将数据和计算分布在大规模的终端设备上，通过充分发挥终端实时性高、个性化精准、隐私安全、成本低、易拓展等核心优势，以解除终端数据"不能传到"云上和"传不到"云上以及云服务器"算不动"的约束。终端的主要优势具体来说，包括：

① 实时性高。终端本地直接处理实时的数据流，可节省网络传输时间并规避无线网络的不稳定性，及时响应终端用户。端侧低延时也意味着模型可以利用更多的特征，例如终端用户更长期的行为序列，以提升推理准确率。

② 个性化精准。终端本地保有更完整、实时的个性化数据和特征用于分析处理（例如模型推理），这可以提升准确率。除了数据和特征的个性化之外，端上训练可以使得每个终端拥有针对其本地数据分布的个性化模型，而非面向全局数据分布的统一模型，模型推理更为精准。

③ 隐私安全。联合学习中的终端数据始终不离开本地设备，这极大地保护了隐私，摆脱了对不可信云服务器的依赖，同时规避了因云服务器的安全漏洞而产生的风险。

④ 成本低。联合学习充分利用了终端的资源进行本地训练和推理，无须与云服务器进行实时交互，实现了离线自服务，可以大大节省云服务端的运营成本。

⑤ 易拓展。联合学习可以在物联网终端节点上快速大规模地部署、无限拓展。

具体来说，云服务端的主要约束包括：

① 不能传。终端出于安全隐私顾虑，不愿意上传并保存其数据到云上。国内外也纷纷出台法律法规要求任何企业和机构在收集用户数据时必须征得用户的同意。代表性的法律法规包括由欧盟推出并于 2018 年 5 月生效的《通用数据保护条例》（General Data Protection Regulation，GDPR）[14]、2020年 6 月由中国发布的《中华人民共和国数据安全法（草案)》[15]。在终端不愿分享原始数据的情况下，联合学习可以发挥很大的作用。

② 传不了。数据规模大、特征丰富导致数据上传云端的开销难以被企业接受，例如手机用户的滑动、手势、停留时长等细粒度行为数据。联合学习可以直接在端上处理这些完整的、细粒度的数据以提升终端用户体验。

③ 算不动。终端数量大，用户请求在一些特殊时刻的突发峰值高。例如，在京东 6·18、苏宁 8·18 和淘宝 11·11等购物节的凌晨 0 点至 2 点，有上亿的手机用户同时发起搜索、刷新、加购、下单等在线请求。云服务器可能无法及时响应所有的终端，影响用户体验，并造成经济损失。下面介绍两个框架的细节。

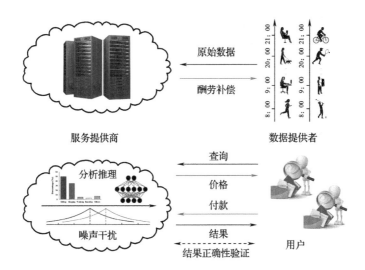

图 1-2　基于数据迁移模式的数据和模型服务交易框架

注：服务提供商需要集中数据提供者的原始数据，主要计算在服务提供商侧。

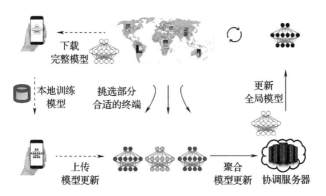

图 1-3　基于计算迁移模式的终端间联合学习框架

注：协调服务器无须集中终端的原始数据，而需要聚合参与终端的本地计算结果，即模型更新。主要计算在终端侧。

数据和模型服务交易主要涉及3种角色,分别是供给侧的物联网数据提供者,平台侧的服务提供商,以及需求侧的用户。如图1-2所示,服务提供商首先从数据提供者处采集数据,例如运动轨迹、住宅能源消耗、医疗记录、终端用户行为日志等。然后,服务提供商利用聚合统计、数据挖掘、机器学习等算法处理分析数据,产生数据分析结果或模型。用户查询数据分析或模型推理,并通过在分析推理结果中自定义添加噪声的等级(例如噪声分布的方差)来满足自己对于结果精准度的需求。根据用户具体的服务查询,服务提供商制定合理的价格,并在用户付款完成后返回结果。值得注意的是,用户可以向服务提供商发起结果正确性验证的请求。此外,服务提供商还需要公平地为数据提供者支付酬劳,例如根据分析推理结果对于数据提供者隐私的泄露程度进行补偿。一般来说,数据和模型服务中的噪声干扰等级越高,返回的结果越不准确,用户需要支付的费用也越低,隐私损失越少,数据提供者的隐私补偿也应该越少。鉴于服务提供商需要满足收支平衡,即收益必须大于等于零,这就意味着查询数据和模型服务的价格要大于等于隐私补偿的总和。相比交易原始数据,提供数据和模型服务主要有以下优势。①对数据提供者来说,数据和模型服务更能保护隐私。②对服务提供商来说,原始数据的所有权和使用权难以界定和管理。同时,增值的数据和模型服务市场价值更高,产生的收益也更高。此外,服务提供商可以通过价格杠杆细粒度地调控用户的效用需求与数据提供者的隐私需求之间的平衡。③对用户来说，数据和模型服务更能全面深入地刻画整个数据集潜在的特征与规律，相比原始数据效用更高。进一步地说，干扰型数据和模型服务允许用户选择符合自己精度需求的结果并支付相应的费用。

原始的联合学习[16]是由美国谷歌公司于2016年提出的一种支持移动终端设备间无须共享原始数据的多方共享智能计算框架。联合学习主要包括供给侧和需求侧的终端以及平台侧的协调服务器。值得注意的是，每个终端都要提供自己本地的数据参与联合学习，因此每个终端都是供给侧；同时，每个终端都要利用其他终端的数据协同优化全局模型，因此每个终端也都是需求侧。如图1-3所示，在联合学习框架下，协调服务器首先挑选部分在线的终端。这些终端下载完整模型，并在本地训练后上传模型更新。协调服务器加权聚合参与终端的模型更新，并更新全局模型。上述流程不断重复以保持云端全局模型和终端本地模型的时效性。中国微众银行首席智能官杨强教授将联合学习拓展到企业机构间，并译为"联邦学习"[17]。企业机构间的联邦学习（cross-silo federated learning）相比本书所关注的终端间联合学习（cross-device federated learning），无软硬件资源受限及差异化大、节点间歇可用、大规模拓展等瓶颈。此外，联合学习与参数服务器（parameter server）[18]等传统基于云服务端的分布式机器学习框架的主要不同点在于，前者数据集的划分并非是随机的而是自然的。具体来说，传统分布式机器学习将数据集中到云端并随机划分，这保证了不同服务器节点上数据分布的一致性。然而，在联合学习框架下，终端数据始终不离开本地，因此数据没有"先聚集再划分"的过程，不同终端上的数据分布是不同的，即数据的异质性。此外，传统分布式学习框架往往采用高速的有线网络连接，无通信开销限制，每轮迭代都可以交换模型梯度。相比之下，联合学习则要求终端本地迭代多次后再交换模型更新，以削减通信轮数。

在基于数据和模型服务的共享框架下，本书首先研究感知数据分析服务中的隐私补偿及查询定价机制，重点考虑感知数据的时间关联性和用户的策略行为，实现精准的关联性隐私量化、可满足的隐私补偿和无套利的查询定价，从而构建以物联网数据为生产要素的市场化配置机制；其次研究模型推理服务中隐私可保护的批量结果验证协议，重点考虑如何在保护用户的测试数据隐私和服务提供商的模型机密性的前提下，轻量化地验证大规模推理结果的正确性，打通在数据迁移模式下隐私和效用需求刻画、需求满足和需求验证的完整链路；最后面向复杂的深度学习模型和高度异质的数据突破终端开销瓶颈和模型性能瓶颈，进一步提出超大规模终端间联合子模型学习方法及隐私保护机制，同时保证终端用户可调控的数据隐私，最终实现从安全可信的数据迁移到计算迁移的跨越。本书主要内容和贡献概括如下：

首先，在感知数据分析服务交易方面，本书所提出的HORAE 主要采用自底向上的顶层框架，在经济学中也被称作"成本加成定价法"（cost-pluspricing）。本书依次考虑了隐私损失度量、隐私补偿和查询定价，重点解决了如何量化时间粒度的关联性隐私损失、如何面向可自定义结果精确度的数据服务查询保证定价函数的无套利性和可盈利性这两个关键挑战。在方案设计方面，HORAE 首先利用马尔可夫链（Markov chain）建模感知数据的时序关联性，并基于河豚隐私（Pufferfish privacy）框架定义数据提供者在每个时刻的关联性隐私损失。进一步地说，HORAE 借助贝叶斯网络中的马尔可夫被（Markov quilt）给出了隐私损失的上界，并基于该上界为具有不同隐私策略的数据提供者制定了可满足的隐私补偿函数。此外，HORAE 合理地放大数据提供者隐私补偿的总和作为价格，使得定价函数不仅可以保证服务提供商的可盈利性，还能防止自私用户的套利行为。实验将HORAE 应用到身体活动监测场景，并在 ARAS（Activity Recognition with Ambient Sensing）实际数据集上进行了广泛的测试。实验结果表明，相比基于条目/群体差分隐私（entry/group differential privacy）的方法，HORAE 可以更细粒度地补偿数据提供者。此外，HORAE 可以调控服务提供商的盈利率，同时规避用户的套利攻击。最后，HORAE 只产生较低的在线延时和内存开销。与已有的数据交易相关工作相比，本书首次考虑了隐私时序数据的交易。

其次，在模型推理服务方面，与已有的相关工作相比，本书所提出的 MVP [⊖]在不依赖任何安全硬件的前提下，首次同时保证了推理结果的批量可验证性、模型的机密性和测试数据隐私，主要解决了可验证性与隐私保护之间的矛盾，并突破了验证大规模推理结果（尤其是验证模型推理底层的大规模算子）所造成的开销瓶颈。在协议设计方面，MVP 首先利用多项式分解和素数阶的双线性群（bilinear groups）实现了推理结果的正确性验证，并保护了模型参数。然后 MVP 通过基于双线性群的 BGN 部分同态加密系统保护了测试数据的隐私，同时支持高效的秘密推理与结果验证。具体地讲，一方面，同态性质使得服务提供商在不知道测试数据的情况下可以高效地计算常见的机器学习算法底层的两个算子，即点积和平方欧氏距离；另一方面，BGN 密文可以很便捷地被加入检查结果正确性的验证器中，也可以很便捷地被移除，因此它调和了结果可验证性和测试数据隐私之间的矛盾。为了支持大规模的测试数据集，MVP 基于机器学习在推理阶段模型参数保持不变的特点，利用非对称映射的双线性实现了验证器的聚合和批量验证，大幅削减了通信和计算开销。实验用支持向量机（Support Vector Machine，SVM）模型和垃圾短信识别任务实例化了 MVP，并在 3 个实际的短信服务（Short Message Service，SMS）数据集上进行了性能测试。实验结果表明了 MVP 的轻量化以及良好的可拓展性。

⊖ MVP，英文全称为 Machine learning inference in a Verfiable and Privacy Preserving fashion，是本书提出的一种隐私可保护的推理结果批量验证协议。

最后，本书提出了联合子模型学习（federated submodel learning）框架，解除了传统联合学习对大规模全局模型的依赖。在子模型框架下，每个终端只下载所需的部分模型参数，即子模型，并上传子模型参数的更新。然而，终端真实所需的子模型在全局模型中的位置往往对应着它的本地数据，如果在与协调服务器交互过程中泄露真实的子模型位置将违背联合学习"数据不离开本地"的初衷。为此，本书提出了安全联合子模型学习协议，并设计了安全多方集合并集（private set union）计算协议作为基石。安全协议主要利用随机回答、安全聚合以及布隆过滤器，赋予了终端对其子模型真实位置的抵赖性，从而保护数据隐私。其中，抵赖性的强度可以用本地差分隐私（local differential privacy）来量化且允许终端本地调控。除了隐私问题外，在子模型更新聚合过程中，由于不同终端子模型的错位性，联合学习底层默认的联合均值（federated averaging）算法会造成严重的聚合偏差。为此，本书提出了无偏差的联合子模型均值（federated submodel averaging）算法。我们实现了原型系统，并在 30 天内的手机淘宝数据集和深度兴趣网络（deep interest network）上进行了广泛测试。测试结果从模型准确率、通信开销、计算开销、存储开销等方面体现了方案的可行性，同时显示了联合子模型学习相比于传统联合学习框架的巨大优势。

1.4 本书组织结构

依据内容的逻辑顺序，本书的组织结构如图 1-4 所示。

第 1 章介绍物联网中安全可信数据共享的背景和意义、当中的关键科学问题，并介绍本书的研究内容和主要贡献。第 2 章介绍相关研究工作，主要包括数据交易、可验证计算、安全模型推理以及终端间联合学习。第 3 章提出感知数据分析服务中隐私补偿及查询定价机制，主要包括结合时间关联性的隐私量化、可满足的隐私补偿和无套利的查询定价。第 4 章提出模型推理服务中隐私可保护的批量结果验证协议，主要研究如何在保护测试数据隐私和模型机密性的前提下，实现大规模推理结果的批量验证和验证器的聚合。第 5 章提出超大规模终端间联合子模型学习方法及隐私保护机制，主要包括基于特征的模型拆分、无偏差的子模型更新聚合，以及子模型真实位置的本地差分隐私保护。第 6 章对全书进行总结并提出未来可能的研究方向。

本书主要的研究内容已发表在中国计算机学会（China Computer Federation，CCF）推荐 A 类等国际高水平的学术期刊和会议上，其中与第 3 章相关的工作发表在 ACM KDD 2018[19]、IEEE INFOCOM 2019[20]、IEEE ICDE 2020[21]、IEEE TKDE 2020/2021[22-23] 等处；与第 4 章相关的工作发表在 IEEE ICDE 2017[24]、IEEE TKDE 2019[25]、IEEE TDSC 2020[26] 等处；与第 5 章相关的工作发表在 ACM MobiCom 2020[27]、AAAI 2021[28]、ACM CSUR 2021[29] 等处。

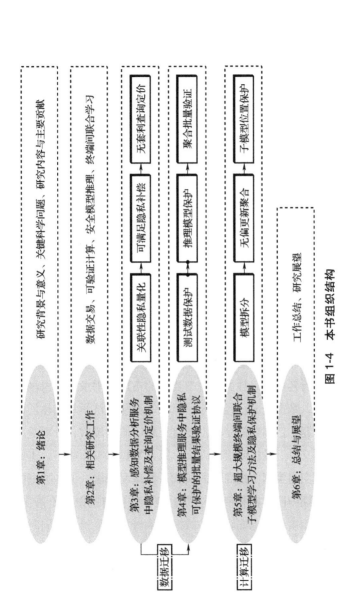

图 1-4　本书组织结构

第2章

相关研究工作

本章回顾在数据交易、可验证计算、安全模型推理、终端间联合学习等方面已有的相关工作。

2.1 数据交易

数据作为一种信息商品在互联网上的流通变得越来越普遍，各行各业对以数据为生产要素的市场化需求也变得越来越强烈，数据交易已经成为计算机领域和经济学领域热门的研究话题。目前数据交易主要有三种不同的模式，分别是原始数据交易、数据库接口查询，以及数据和模型服务。①原始数据交易类似传统商品的买卖，简单易部署，但在数据的生命周期中所有权和使用权难管控。定价方式以标价为主。②数据库接口查询能够维护数据提供者的信息优势，同时满足用户按需购买高价值数据的需求，但可提供的接口功能比较单一。定价方式以按次计价为主。③数据和模型服务规避了原始数据的权利难管控这一难题，同时使得原始数据对于用户不可见，加强了对数据提供者的安全隐私保护。面向用户侧，数据和模型服务能够深入挖掘多源数据的内在规律，对于用户的价值更大。特别指出，在模型推理服务中，具有较好泛化能力的模型以用户个性化的数据为输入，返回精准的推理结果，使得供给侧的训练数据和需求侧的测试数据的效用都能充分发挥。下面从数据内容是否敏感隐私的角度介绍已有相关工作。

首先是关于一般非敏感数据的交易，尤其是数据库领域结构化、关系型的数据。Balazinska 等人[30] 展望了数据交易市场的前景，并且提炼出数据交易这个方向可能存在的研究问题。Koutris 等人[31] 指出工业界在整体买卖数据集的交易模式下定价方法的局限性和不灵活性，提出了基于查询的定价（query-based pricing）框架，并指出查询定价需要满足无套利性（arbitrage freeness）。存在套利意味着用户可以以低于标价的价格购买到某个查询，例如通过购买多个便宜查询的组合。因此，服务提供商需要排除套利机会以保证自己的收益。Koutris 等人利用了整数线性规划求解器定价 SQL 查询。Lin 和 Kifer[32] 设计了无套利的、适用于任何查询方式的定价函数。Liu 和 Hacigümüs[33] 提出了针对动态数据更新的定价方案。Deep 和 Koutris[34] 在依赖于结果（answer dependent）和独立于实例（instance independent）两种不同设定下刻画了无套利定价函数的性质。基于该理论工作，他们还实现了支持大规模关系查询定价的原型系统[35]。Chawla 等人[36] 假设服务提供商知道用户的查询和估价，并研究了服务提供商在静态市场设置下的收益最大化问题。Agarwal 等人[37] 针对面向机器学习任务的数据交易，提出了一种组合拍卖机制。

其次是关于隐私数据的交易。在实际中，隐私数据已经被许多服务提供商采集并分析，然后售卖给其他潜在的客户用于实现各种各样的目的，例如广告投放、市场营销、智能决策、疾病诊断等。Laudon 早在 1996 年就已经从经济学角度构想了可以交易隐私数据的信息市场[38]，但是关于隐私数据定价的严格理论研究则出现在 2011 年，Ghosh 和 Roth[39] 把差分隐私作为量化隐私泄漏程度的指标，并提出以拍卖的形式交易隐私数据。他们主要考虑的应用场景是单次的计数查询。Li 等人[40] 的后续研究工作通过引入无套利的概念将应用场景拓展到多次的线性查询。Hynes 等人[41] 探索了模型训练请求。Chen 等人[42] 研究了如何对添加了不同程度噪声干扰的模型进行定价，主要类比隐私数据的定价方式。他们还在用户的模型误差需求和对应估价可知的静态交易假设下，优化了服务提供商的收益。Jung 等人[43] 考虑了不诚实用户侧的原始数据集二次售卖问题。不同于服务提供商与用户之间的数据交易工作，Wang 等人[44] 关注了服务提供商与数据提供者之间的数据采集过程，其中服务提供商是不可信的，而每个数据提供者提交添加了噪声的数据。他们通过建立博弈模型来刻画隐私的价值。Xu 等人[45] 假设服务提供商使用 k 匿名（k-anonymity）技术保护隐私，并将多源数据的在线选择过程建模成多臂老虎机（multi-armed bandit）问题。

不同于数据交易已有的相关工作，本书第 3 章首次从隐私角度考虑了感知数据分析服务的交易，合理建模了时间关联性，并进一步设计了面向数据提供者可满足的隐私补偿机制和面向用户无套利的查询定价机制。

2.2 可验证计算

可验证计算经典的应用场景是外包计算（outsourced computing）[46]：计算资源受限的用户将复杂的计算任务外包给云服务器。在云服务器返回计算结果后，用户能够验证计算结果的正确性是一个基本的要求。可验证计算的协议设计还要求高效性，即用户侧验证的开销应该远远小于原始计算任务的开销，否则外包计算将没有任何意义。从应用场景来看，可验证计算已经广泛应用于云存储、云计算、传感网络、车载网络、域间路由、投票、拍卖等。从实现技术来看，可验证性计算主要分为两类：基于证明（proof-based）和基于验证器（authenticator-based）。基于证明的可验证计算的核心思想是为计算函数的 NP 语句构造认证，主要采用 Micali 提出的计算可靠性证明（computationally sound proof）[47]，例如概率检验证明（probabilistically checkable proofs）[47] 和简洁知识论证（succinct arguments of Knowledge）[48-49]。相比之下，基于验证器的可验证计算主要采用同态验证器（homomorphic authenticator），例如同态消息验证码（homomorphic message authentication code）[50-52] 和同态签名（homomorphic signature）[53]。其核心思想是在输入数据上附加不可伪造的验证器，如果云服务器正确地执行了计算函数，将会为结果生成有效的验证器。

出于高效性的考虑，一些可验证计算工作关注特定的函数类型（例如多项式），而非通用计算，同时大幅优化了性能。Kate 等人[54] 针对单变量多项式提出了可公开验证的协议。Papamanthou 等人[55] 将协议拓展至多元多项式，同时支持多项式系数的增量式更新。针对多项式函数相同但输入不同的场景，Catalano 等人[56] 从均摊的角度提升了验证效率。Fiore 等人[57] 进一步针对在加密数据上进行多元二次多项式的计算，设计了可验证协议。

2.3 安全模型推理

安全模型推理的已有工作重点关注了隐私保护，例如保护用户敏感的测试数据或者保护服务提供商机密的模型，同时保证模型推理的有效性和高效性。它们主要利用安全两方/多方计算的相关技术，例如同态加密（homomorphic encryption）、混淆电路（garbled circuit）、秘密共享（secret sharing）和不经意传输（oblivious transfer）等。Bost 等人[58] 考虑了如何在加密的测试数据上运行多种分类模型的推理，包括线性分类器、朴素贝叶斯和决策树等。他们设计了常见分类器底层可复用的安全计算模块，例如支持点积和取最大值操作的模块等。Gilad-Bachrach 等人[59] 提出了 CryptoNets，实现了在测试数据的密文上进行高吞吐和高精准度的神经网络推理。后续的一系列工作[60-64] 进一步通过引入离线的预先计算/规划以及在线操作的优化，削减了响应延时和交互信息量。Kumar 等人[65] 设计了 CryptFlow，实现了将 Tensorflow 推理代码转换到安全多方计算的模式。

　　除了隐私保护，模型推理服务还有可验证性的需求。Ghodsi 等人[66] 设计了交互式证明协议 SafetyNets，以实现神经网络推理的可验证执行。Lee 等人[67] 提出了 vCNN，主要利用基于双线性映射的非交互式简洁知识论证保证了卷积神经网络推理的可验证性。然而，SafetyNets 与 vCNN 都忽略了模型和测试数据的隐私保护。值得注意的是，隐私可保护的模型推理结果验证与外包场景中的可验证计算存在显著的不同点。由于模型机密性需求，在整个验证过程中，用户作为验证者不允许知道服务提供商作为证明者所保有的具体模型参数，即外包的函数。同时，由于测试数据的机密性，服务提供商作为外包计算的执行者也不允许知道用户的测试数据。模型推理服务中可验证性和隐私保护的双重需求使得传统的可验证计算协议不可行，因此需要新的设计。

不同于上述密码学协议，Tramèr 和 Boneh[68] 假设服务提供商存在基于硬件的可信执行环境（Trusted Execution Environment，TEE），例如 Intel SGX、ARM TrustZone 和 Sanctum，并在安全分析中将 TEE 作为可信实体。一方面，TEE 将神经网络推理的程序隔离在安全容器（enclave）中，以抵御安全容器外其他的恶意程序和攻击者，包括操作系统。另一方面，用户可以通过与 TEE 建立安全信道，实现对安全容器内程序执行正确性的远程验证。然而，TEE 的内存需要被完整地加密并且认证，因此内存大小受限（例如 SGX 中为 128 MB）。同时，TEE 内的操作开销较大且很难并行。Tramèr 和 Boneh 因此提出了一个 Slalom 框架，将神经网络中所有线性层操作从 TEE 外包给一个不可信、更快并且与 TEE 放置在一起的处理器。一方面，Slalom 通过满足可加性的流密码算法保护了测试数据的隐私，但还需要 TEE 线下预先计算掩饰项，而这一开销与直接在 TEE 中计算线性层的开销相同。换句话来说，Slalom 以离线开销交换了在线开销。另一方面，Slalom 基于 Freivalds 算法实现了可验证性。然而，Slalom 没有保证模型的机密性。此外，外包任务在 TEE 和不可信的处理器之间产生了极大的通信开销。

除了隐私保护和可验证性的相关工作外，还有一些对抗机器学习（adversarial machine learning）相关的工作考虑了如何通过模型推理服务的查询接口发起攻击。典型的攻击包括模型提取（model extraction）[69-71] 和模型规避（model evasion）[72-75]。具体地讲，模型提取攻击的目标是复制服务提供商模型的功能，而模型规避攻击的目标是找到规避模型检测的策略，例如在垃圾短信/邮件识别、恶意软件分类和网络异常监测等场景中。大体上来说，模型提取攻击是不可避免的，而模型规避攻击的根源在于模型训练阶段缺少可解释性和透明性。有效缓解模型提取攻击的方法主要包括限制推理查询的次数和推理输出的信息[64]，以及通过分析查询模式识别出敌对用户[76]。模型规避攻击的主要防御措施包括设计更鲁棒的训练算法[77] 以及检测恶意样本[78]。

与安全模型推理已有的研究工作相比，本书第 4 章所提出的隐私可保护的推理结果批量验证协议 MVP 的不同点在于：①从安全隐私保证来看，MVP 主要关注如何同时实现结果可验证性、模型的机密性和测试数据的隐私，而已有工作仅仅考虑了三个性质当中的部分性质；②从技术创新性来看，MVP 依赖多项式分解、素数阶的双线性群和改进版的 BGN 同态加密协议。MVP 进一步通过双线性实现批量结果验证和验证器聚合，大幅削减计算和通信开销。MVP 是第一个利用这些密码学和非密码学的基本工具同时实现了模型推理的隐私保护和可验证性的验证协议。此外，MVP 不依赖任何安全硬件，而这是一些已有工作的基石。

2.4 终端间联合学习

终端间的联合学习主要关注：①由于移动设备可靠性低、可控性差所导致的安全隐私问题；②由于终端设备通信资源受限、网络连接不稳定所造成的通信瓶颈；③由于不同终端上数据分布的异质性所产生的模型性能瓶颈；④移动端智能计算起步晚，基础工程体系有待完善。下面主要从这4个方面回顾相关工作。更多联合学习的相关工作请参阅文献[17，79-80]。

首先是关于联合学习中的隐私安全问题。Bonawitz 等人[81]在诚实但好奇（honest-but-curious）和主动攻击（actively adversarial）的敌对模型下，提出了通信高效且容忍终端退出的安全聚合（secure aggregation）协议。具体地讲，他们的协议主要面向终端间联合学习的基本设置，其中每个资源受限的终端都无法与其他终端建立直接通信的信道，而需要通过一个不可信的协调服务器作为中继。此外，在安全聚合过程中可能存在部分终端退出的情况。该安全聚合协议不依赖任何可信实体，并可以保证不可信的协调服务器只知道参与终端们提交的模型更新的聚合结果（即和），不知道任意单个终端的模型更新（即使部分终端在聚合过程中退出）。为了限制从模型更新中泄露单个终端的训练数据，一些具有差分隐私（differential privacy）保证的干扰机制被提出。

McMahan 等人[82] 针对基于循环神经网络（Recurrent Neural Network，RNN）的语言模型，提出了让可信的协调服务器在单轮的联合学习中使用高斯干扰机制干扰聚合模型更新，并依赖 moments account 方法[83] 拓展至多轮的隐私复合。具体地讲，moments account 允许公开在训练过程中产生的中间结果（即每次迭代的梯度），记录每次迭代的隐私泄露，并保证更严格的复合隐私。然而，在联合学习中，只有多次迭代后或者训练多遍本地数据集后的模型更新才会被公开，而所有中间的梯度都被隐藏。针对这种情况，Feldman 等人[84] 在凸优化的设置下分析了隐藏中间结果对于差分隐私的放大作用。不同于上述隐私保护方面的工作，Bagdasaryan 等人[85] 发现了恶意的终端可以在协调服务器所维护的全局模型中加入后门，即后门攻击（backdoor attack）。Melis 等人[86] 利用成员和属性推断攻击从终端的模型更新中恢复出训练数据的特征。Nasr 等人[87] 在无安全聚合保证的联合学习设定下，利用单个终端的模型更新恢复出训练数据的成员信息。

其次是关于如何提升通信效率。对于移动终端设备来说，昂贵且受限的上行带宽是瓶颈。为了突破通信开销瓶颈，大体上有两种不同的解决思路。一种是削减协调服务器与终端间的通信总轮数。开拓性的工作是由 McMahan 等人[16] 提出的联合均值算法。联合均值的核心机理是让每个参与终端本地训练整个数据集多遍，然后提交更新。因此，相比传统基于云服务器的分布式机器学习每次迭代交换梯度，联合均值可以大幅削减通信轮数，从而实现通信开销的削减。另一种互补的方式是通过压缩模型（更新）减少传输信息量。典型的压缩算法包括稀疏化（sparsification）、下采样（subsampling）以及结合随机旋转的概率性量化（probabilistic quantization coupled with random rotation）。例如，经过量化，模型更新中原始的浮点型（连续型）元素被转化成低比特的整型（离散型）元素[88]。鉴于压缩后的模型更新是离散的，而保证差分隐私的机器学习算法依赖高斯干扰机制仅支持连续型的输入，Agarwal 等人[89] 提出了基于二项分布的干扰机制，在保证一次迭代差分隐私的同时，能够享受由量化带来的通信高效性。除此之外，另一种提升通信效率的方式是，对全局模型应用 dropout 策略，然后让终端训练相同的简化模型[90]。因此，下载的模型以及上传的模型更新可以从维度降低的角度实现压缩。

再次是关于模型有效性，主要包括分布式优化和个性化两个方面。终端间的联合学习和传统基于云服务器的集中式与分布式机器学习的不同点在于，前者不同终端上的数据量不均衡且非独立同分布、大规模终端设备网络资源受限且连接不稳定、宕机、掉线等现象频繁。数据的异质性以及终端退出现象使得已有针对独立同分布的分析技巧不可行，并使得设计在理论上鲁棒且实际有效的优化和学习算法颇具挑战。上述提到的联合均值算法，作为联合学习的基石，经验性地在一些任务中验证了算法的有效性，但在本地迭代次数过大时会出现发散的情况[16]。具体来说，联合均值算法每轮重启训练过程，选择多个终端并行地执行小批量随机梯度下降算法（Stochastic Gradient Descent，SGD），并让协调服务器加权聚合模型更新，以更新全局模型，其中某个终端的权重和它本地的训练数据集大小呈正比。Yu 等人[91] 和 Li 等人[92] 假设全部终端永远可用，并分别在终端完全参与和部分参与的情况下分析了联合均值算法的收敛性。Yu 等人[93] 在后续的工作中提出了联合均值基于动量的拓展版。在面对非独立同分布的数据时，各终端的本地更新会偏向各自的本地最优。联合均值作为本地最优的平均会偏离全局最优。对于该问题，Karimireddy 等人[94] 提出了随机受控均值（stochastic controlled averaging）。随机受控均值使用上轮梯度估计全局方向，并对本地更新进行矫正。在加入修正项后，模型的收敛性得到了保障。Eichner 等人[95] 刻画了联合学习底层可用数据的周期性，并提出了针对凸优化目标和串行 SGD 的多模型优化算法。Mohri 等人[96] 考虑了联合学习中的公平性问题，即全局模型可能会不均衡地偏向不同终端。为此，他们提出了一种新的不可知联合学习框架，并使得全局模型可以面向任意目标分布实现优化，其中目标分布由不同终端的数据分布混合而成。不同于上述底层分布式优化的工作，Smith 等人[97] 考虑如何针对不同的终端学习出单独但相互关联的个性化模型，并提出了基于多任务学习（multi-task learning）中共享表征的方法。Chen 等人[98] 则利用元学习（meta learning）实现不同终端模型的个性化，其中终端贡献算法层面而非模型层面的信息以帮助训练元学习器。

最后是关于联合学习的产品化和标准化。谷歌将联合学习部署到谷歌键盘上用于语言模型学习任务，包括下一个单词预测[99]、查询建议[100]、未登录词学习[101]，以及表情符号预测[102]。具体地说，查询建议使用逻辑回归（logistic regression）作为终端本地学习的触发模型，决定候选建议是否被展示。其他三个学习任务使用了一个裁剪的长短期记忆（Long Short-Term Memory，LSTM）循环神经网络，称为 CIFG（Coupled Input and Forget Gate）。谷歌联合学习团队[103] 还介绍了他们初步的系统设计，并总结了实际的部署问题，例如不规律的设备可用性、不可靠的网络连接和执行中断、异构设备间的锁步执行，以及设备存储和计算资源受限等。他们还指出一些未来可能的优化方向，例如消除偏差、降低收敛时间、设备调度，以及削减带宽等。为了支持研究，谷歌将联合学习的模拟接口集成到了其深度学习库中，称为 Tensor-Flow Federated[104]。然而，开源的模块缺乏面向终端设备的核心功能，包括安全隐私保护、终端本地训练、协调服务器与终端间的端口通信、任务调度，以及终端退出和异常处理等。这严重影响了终端间联合学习在产业界落地的步伐。微众银行、百度、NVIDIA 和 OpenMinded 也纷纷发布基于服务器端的联合学习模拟代码框架，分别称为 FATE[105]、Paddle-FL[106]、Clara[107] 和 PySyft[108]。Caldas 等人[109] 发布了一些关于联合学习的测试基准。目前，LEAF 包含一些代表性的数据集、测试指标和联合均值的代码模块。

在联合学习相关工作中，每个终端均使用相同（简化）的全局模型进行本地训练。平行于这些工作，本书第 5 章出于规模化拓展的目的，提出了全新的联合子模型学习框架，解决了谷歌联合学习框架依赖全局模型的局限性。在该框架下，我们主要发现并解决了以下问题：①由于终端真实的子模型位置与本地数据之间存在的关联性造成的隐私泄露风险；②安全聚合在多个参与终端的子模型更新过程中，不同终端子模型的高度未对齐性所造成的隐私泄露风险和聚合偏差。

第3章

感知数据分析服务中隐私补偿及查询定价机制

本章主要考虑数据迁移模式下的感知数据分析服务，针对物联网数据的时间关联性特点，研究面向数据提供者细粒度的隐私损失度量和可满足的隐私补偿，以及面向用户无套利和可盈利的查询服务定价，从而构建以物联网隐私数据为生产要素的市场化配置机制。

3.1 引言

过去的几年见证了物联网设备尤其是智能手机广泛地进入人们的日常生活。海量的数据被传感装置周期性地采集用于记录人们的活动。典型的时序感知数据包括心跳、呼吸量、身体活动、运动轨迹、住宅能源消耗量等。然而，出于隐私安全或者商业竞争的目的，大部分的数据提供者不愿意分享它们私有的数据，造成了大量的数据孤岛。数据隔离的状态禁锢了数据对于潜在用户（例如商业公司、医疗行业从业者、研究人员等）的价值，并可能阻碍社会长期健康的发展。为了促进数据流通，越来越多的服务提供商开始构建数据提供者和用户之间的桥梁。产业界代表性的数据服务提供商包括 ThingSpeak、DataSift、Datacoup 和 CoverUS。一方面，服务提供商给予数据提供者金钱奖励以激励它们提供敏感隐私的数据；另一方面，面对用户对数据集发起的分析服务请求，服务提供商收取一定的费用。这种数据共享模式在学术圈也被称为"数据市场"（data market）。

　　本章从物联网数据市场中服务提供商的角度出发研究全新的时序感知数据交易问题，主要有以下三个设计挑战。

　　第一个也是最棘手的挑战是如何精准地度量隐私数据在时间粒度方面的隐私损失程度。隐私数据交易不同于一般数据交易的地方在于隐私补偿。为了合理地补偿数据提供者，服务提供商需要量化在使用其数据过程中的隐私损失。已有隐私数据交易相关的工作[39-40]主要考虑采集的数据来自多个数据提供者，并基于经典的差分隐私框架度量数据提供者个体粒度的隐私损失。然而，这些工作不能适用于本章所考虑的时序感知数据交易场景，因为需要研究来自单个特定用户的序列性数据并度量该用户在时间粒度方面的隐私损失，这也是本章的主要目标。尽管差分隐私框架的变种（被称为条目/群体差分隐私）能够被应用，但这两种隐私框架错误地处理了时间关联性。具体而言，条目差分隐私和群体差分隐私分别假设时序数据中的所有状态是完全相互独立的或者完全相互依赖的。换句话来说，两种隐私框架将所有的状态等同看待，这在实际应用中是不合理的。例如，某个数据提供者在早晨8点和晚上8点的状态具有不同关联状态的集合，因此其遭受的隐私损失也应该是不同的。

第二个挑战来自面向时序感知数据灵活的分析查询方式。在数据市场中，每个用户应该被允许购买在其感兴趣的数据条目上的分析结果，而非必须是在完整数据集上的分析结果。对于时序感知数据，本章考虑用户可以使用一对起点和终点时间以及一个采样周期来指定其查询状态的范围。然而，这种细粒度的查询方式会对整个数据交易框架产生两方面重要的改变：①不同的查询设置会引起不同结构的时间关联，从而对上述的隐私度量和补偿产生影响；②服务提供商需要为用户不同的查询制定不同的价格。一个合理鲁棒的定价机制需要保证可盈利性和无套利性。可盈利性要求查询的价格必须大于等于隐私补偿的总和，而无套利性要求用户不能通过购买其他便宜查询的组合以规避原始查询的价格。举个套利相关的简单例子，一个苹果和一个香蕉能够得到一个苹果和香蕉的组合。如果苹果的单价加上香蕉的单价低于苹果和香蕉组合的价格，则存在套利的机会。因为买家可以以更低的价格获得苹果和香蕉的组合，即通过单独购买苹果和香蕉。考虑到免费的定价策略是无套利的但不是可盈利的，因此设计同时保证这两个经济学性质的定价机制颇具挑战。

最后一个挑战是在分析结果中允许用户添加不同等级的干扰噪声会产生结果精确度差异、价格差异以及伴随而来的套利机会。为了缓解数据提供者的隐私顾虑，服务提供商有必要提供添加噪声的分析结果。此外，针对相同数据分析但是结果精确度不同，服务提供商需要制定不同的价格，而用户作为查询的发起者可以自定义噪声干扰的等级（例如本章考虑的噪声方差）以选择结果精确度。具体地讲，如果加入到真实结果中的噪声方差越小，则查询结果越准确，因此收取用户的价格应该越高。然而，不同结果精确度产生的价格差异使得保证定价的无套利性更难。一个潜在的套利攻击是，贪婪的用户想要获得某个包含低方差噪声的数据分析的结果，但只想支付较低的价格。该用户可能查询多个相同的数据分析（但是包含较高方差的噪声），并通过平均结果降低干扰噪声的方差。进一步地说，如果噪声的方差在查询定价函数中不是独立的，将更难抵御套利攻击。

本章针对上述三个挑战提出了面向时序感知数据服务的交易机制 HORAE [⊖]（a PufferfisH privacy based market framewOrk for tRAding timE-series data）。HORAE 主要利用河豚隐私和马尔可夫被度量存在时间关联的隐私损失，并以可满足的方式补偿具有不同隐私策略的数据提供者。此外，在面向用户

⊖ HORAE 来自希腊神话，代表时序女神。

灵活的查询进行定价时，**HORAE** 保证了可盈利性，规避了套利机会，并只产生较低的在线时延和内存开销。实验将 **HORAE** 应用到身体活动监测场景，并在实际的 **ARAS** 数据集上进行了测试。主要的实验结果总结如下：①用户在不同的时刻受到不同的、细粒度的隐私补偿而非相同的补偿；②服务提供商可以控制盈利率凸曲线的最低点，这可以用来引导用户的查询或者最大化自己的期望盈利率；③在 HORAE 中无界的高端定价策略下，用户作为套利攻击者支付原价格的 40~41 倍的概率高达 45.35%；④服务提供商处理每个查询的在线延时在毫秒级别，内存开销为 500 MB。

3.2 技术准备

本节介绍系统模型、河豚隐私和马尔可夫被干扰机制。

3.2.1 系统模型

1.3 节已经介绍了感知数据服务交易的流程和主要参与方，包括感知数据的提供者、负责处理分析数据的服务提供商，以及查询服务的用户。本章用序列性的变量 $X = X_1 \rightarrow X_2 \rightarrow \cdots \rightarrow X_T$ 来表示来自某个数据提供者的感知数据，其中 X_t 表示该数据提供者在时间 t 时的状态。用事件 $X_t = a$ 表示 X_t 从状态空间 A 中取值为 a。例如，A 表示所有可能的活动，

$X_t = a$ 表示数据提供者在早晨 8 点慢跑这一事件。用 $Q = (f, v)$ 表示用户的查询，其中 f 表示处理 X 的函数，v 表示用户所能接受的加入到真实结果 $f(X)$ 中最大的噪声方差。假定 f 在 L_1 范数下满足 ℓ-Lipschitz，即 X 中任意状态的变化（其他状态保持不变）只能使得 f 输出的 L_1 范数最大改变 ℓ。关于 f 的正式定义如下：

定义 3.1　对于函数 f，如果 $\forall t \in [T]$，$\forall a, b \in A$，

$$\| f(\cdots, X_t = a, \cdots) - f(\cdots, X_t = b, \cdots) \|_1 \leqslant \ell \qquad (3\text{-}1)$$

则 f 在 L_1 范数下满足 ℓ-Lipschitz。

f 可以实例化成常见的数据分析方法，例如直方图计数统计、加权求和、标准差和概率分布拟合等。给定用户的查询 Q，服务提供商利用干扰机制 $\mathcal{M}$ 进行回答，返回结果 $\mathcal{M}(X)$，其中 $\mathcal{M}(X)$ 的期望是真实结果 $f(X)$，而方差不大于 v。

3.2.2　河豚隐私框架

HORAE 所采用的隐私框架被称为河豚隐私[110]。相比于经典的差分隐私框架[111-112]，河豚隐私进一步考虑了数据关联性，因此更为一般化。下面从隐私保护的角度介绍河豚隐私框架的细节，即关注干扰机制 $\mathcal{M}$ 本身。当然，河豚隐私的核心原理将被 HORAE 用于量化隐私损失。

河豚隐私框架包含三个关键参数：①想要隐藏的秘密集 S；②想要难以区分的秘密对集合 $SP \subseteq S \times S$；③一类刻画数

据生成过程的概率分布 Θ。对于时序数据 X 来说，①$S =$ $\{X_t = a \mid a \in A, \, t \in [T]\}$ 表示在任意时间 t 发生的具体事件 a 是一个需要隐藏的秘密；②$SP = \{(X_t = a, \, X_t = b) \mid a \neq b \in A,$ $t \in [T]\}$ 表示数据提供者在任意时间 t 是否参与事件 a 或 b 需要难以区分；③Θ 可能是马尔可夫链的集合，用于刻画数据提供者在不同状态之间的转移概率。基于上述三个关键参数，河豚隐私的正式定义如下：

定义 3.2 对于干扰机制 $\mathcal{M}$，如果 $\forall \theta \in \Theta$，$X \sim \theta$，$(X_t = a, \, X_t = b) \in SP$，且 $P(X_t = a \mid \theta) \neq 0$ 以及 $P(X_t = b \mid \theta) \neq 0$，对于任意可能的输出 O，满足

$$e^{-\epsilon} \leq \frac{P(\mathcal{M}(X) = O \mid X_t = a, \theta)}{P(\mathcal{M}(X) = O \mid X_t = b, \theta)} \leq e^{\epsilon} \tag{3-2}$$

则 $\mathcal{M}$ 满足 ϵ 程度的河豚隐私。ϵ 表示隐私预算，ϵ 越小证明隐私越好但数据效用越差。

根据贝叶斯公式，式（3-2）可以等价地转换为

$$e^{-\epsilon} \leq \frac{P(X_t = a \mid \mathcal{M}(X) = O, \theta)}{P(X_t = b \mid \mathcal{M}(X) = O, \theta)} \Big/ \frac{P(X_t = a \mid \theta)}{P(X_t = b \mid \theta)} \leq e^{\epsilon} \tag{3-3}$$

上面的公式说明，相比于攻击者的先验认知，额外知道输出对于确定 $X_t = a$ 的后验概率与确定 $X_t = b$ 的后验概率之间的比值影响不大。换句话来说，河豚隐私的目标是限制干扰机制的输出对于任何秘密的泄露程度。此外，河豚隐私的定义不仅像差分隐私一样考虑干扰机制，还考虑概率分布 $\theta \in \Theta$，其中 Θ 能够很好地表征数据的关联性。

3.2.3 马尔可夫被干扰机制

为了实现对于贝叶斯网络 G（马尔可夫链是一种特殊的贝叶斯网络）的河豚隐私，Song 等人[113] 提出了马尔可夫被干扰机制。为了在符号表达上保持一致性，下面用"状态"来表示贝叶斯网络中的"节点"，并用 X 表示 G 的点集。

马尔可夫被干扰机制的核心机理是，如果两个状态 X_t 和 X_r 在 G 中的距离足够远，则 X_r 大概率独立于 X_t。因此，为了隐匿 X_t 对某个数据分析结果的影响，一种充分可行的干扰方式是，添加的噪声正比于与 X_t 相近的状态的数量，并加上一个修正项用于涵盖与 X_t 相远离的状态。现在出现了两个关键问题，一是如何区分"相近"与"相远"的状态；二是如何为相远的状态计算修正项。

针对第一个问题，Song 等人提出了"马尔可夫被"的概念。马尔可夫被是概率图模型中经典的马尔可夫毯（Markov blanket）的拓展版。在贝叶斯网络中，某个状态 X_t 的马尔可夫毯包括它的父节点、子节点以及子节点的其他父节点。在给定 X_t 的马尔可夫毯的情况下，X_t 与网络中的其他状态相独立。下面介绍马尔可夫被的正式定义。

定义 3.3 如果状态集 X_M 满足下面的条件，则称 X_M 是状态 X_t 在贝叶斯网络 G 中的一个马尔可夫被：

● 删除 X_M 将 G 分成两个部分 X_C 和 X_R，使得 $X = X_C \cup$

$X_M \cup X_R$，其中 $X_t \in X_C$；

- 给定 X_M、X_R 独立于 X_t。

直观地来看，X_C 表示相近状态的集合，而 X_R 表示偏远状态的集合，它们被马尔可夫被 X_M 分割。例如，$X_M = \varnothing$（同时 $X_C = X$，$X_R = \varnothing$）是一个特殊的马尔可夫被。此外，不同于马尔可夫毯的唯一性，一个状态可以有多个马尔可夫被。

针对第二个问题，相远状态的集合包含马尔可夫被和偏远状态的集合，即 $X_M \cup X_R$。鉴于给定 X_M、X_R 独立于 X_t，为了衡量 X_t 对 $X_M \cup X_R$ 的影响，我们只需衡量 X_t 对 X_M 的影响。为此，定义一个变量 X_t 和一组变量 X_M 之间的最大影响（max-influence），最大影响用于衡量 X_t 取值的改变对于 X_M 的影响，其中 X_t 和 X_M 之间的依赖关系用概率分布 Θ 刻画。

定义 3.4 在概率分布集合 Θ 下，变量 X_t 对于一组变量 X_M 的最大影响定义为

$$\Psi_\Theta(X_M \mid X_t) = \sup_{\theta \in \Theta} \max_{a,b \in A} \max_{x_M \in A^{\mathrm{card}(X_M)}} \log \frac{P(X_M = x_M \mid X_t = a, \theta)}{P(X_M = x_M \mid X_t = b, \theta)}$$

(3-4)

最大影响 $\Psi_\Theta(X_M \mid X_t)$ 本质上等价于最大化分布 $X_M \mid X_t = a$，θ 和分布 $X_M \mid X_t = b$，θ 之间的最大散度（max-divergence），其中最大化对于任意 $a, b \in A$，$\theta \in \Theta$。因此，最大影响的数学形式与河豚隐私（定义 3.2）中的隐私预算 ϵ 的数学形式是一致的。从这个角度来看，$\Psi_\Theta(X_M \mid X_t)$ 可以作为整体隐

私预算 ϵ 中的一部分，分配给相远状态的集合 $X_M \cup X_R$，而 $\epsilon - \Psi_\Theta(X_M \mid X_t)$ 作为剩余的隐私预算分配给相近状态的集合 X_C。

在解决上述两个问题后，下面介绍马尔可夫被干扰机制的详细内容，整体过程如算法 3-1 所示。用 $\mathrm{Lap}(\sigma)$ 表示一维的拉普拉斯分布，其中位置参数为 0，尺度参数为 σ，概率密度函数是 $e^{-\frac{|x|}{\sigma}}/2\sigma$。尺度参数 σ 可以使用分布的方差 v 计算，即 $\sigma = \sqrt{v/2}$。值得注意的是，如果函数 f 的输出有多维，只需从相同的分布中多次随机采样噪声加入每一维中。因此，为了简洁性，本章只关注输出结果的某一维。马尔可夫被干扰机制的关键思路如下：如果需要在发布 ℓ-Lipschitz 函数 f 的输出结果的同时保护状态 X_t，则需要找到 X_t 的一个马尔可夫被 X_M，然后以 $\ell \cdot \mathrm{card}(X_C)/(\epsilon - \Psi_\Theta(X_M \mid X_t))$ 作为拉普拉斯噪声分布的尺度参数（第 4 行），这一噪声干扰是充足的。然后搜索 X_t 的整个马尔可夫被集合 $S_{M,t}$（第 2 行）使得需要添加的噪声最少（第 7 行）。对每个 X_t 执行上述过程，找到其中最大的噪声分布的尺度参数，并以此作为最后噪声分布的尺度参数，从而实现对整个数据集 X 的保护（第 8 行）。

算法 3-1 马尔可夫被干扰机制

输入：数据集 X；ℓ-Lipschitz 函数 f；隐私预算 ϵ；状态 X_t 的马尔可夫被的集合 $S_{M,t}$；位置参数为 0 的拉普拉斯分布 $\mathrm{Lap}(\cdot)$。

输出：保证 ϵ 程度河豚隐私的干扰机制 $\mathcal{M}(X)$。

---

1 **foreach** $X_t \in X$ **do**

2   **foreach** $X_M \in S_{M,t}$ (with X_C , X_R) **do**

3   **if** $\psi_\Theta(X_M \mid X_t) < \epsilon$ **then**

4        $\sigma(X_M) = \dfrac{\ell \cdot \mathrm{card}(X_C)}{\epsilon - \psi_\Theta(X_M \mid X_t)}$;

5   **else**

6        $\sigma(X_M) = +\infty$;

7    $\sigma_t = \min_{X_M \in S_{M,t}} \sigma(X_M)$;

8 **return** $\mathcal{M}(X) = f(X) + \mathrm{Lap}(\max_t \sigma_t)$

3.3　交易机制设计

本节阐述感知数据服务交易机制 HORAE 的设计细节。HORAE 采用自底向上的设计，其中服务提供商首先度量数据提供者在底层的隐私损失并决定隐私补偿，然后在顶层面向用户的查询制定可盈利和无套利的价格。

3.3.1　隐私度量

当服务提供商利用干扰机制 $\mathcal{M}$ 回答用户的查询 Q 时，数据提供者的隐私将被泄露。基于河豚隐私的基本原理，下面正式定义隐私损失，主要采用机器学习领域经典的留一法（leave-one-out）。考虑初始只在时间 t 时处于不同状态的一对时序数据实例：$X \sim \theta \mid X_t = a$ 和 $X \sim \theta \mid X_t = b$，其中 a，$b \in A$，

$\theta \in \Theta$。它们能够模拟 X_t 的每个可能的变化，以及由于数据关联性（用马尔可夫链 Θ 刻画）对其他状态产生的连锁反应。通过比较干扰机制 $\mathcal{M}$ 在这对时序数据实例上的输出分布，定义在时间 t 的隐私损失 ξ_t 如下：

定义 3.5 在面向时序数据 X 的干扰机制 $\mathcal{M}$ 中，数据提供者在时间 t 的隐私损失被定义为：

$$\xi_t = \sup_{a,b \in A, \theta \in \Theta, O} \log \left| \frac{P(\mathcal{M}(X) = O \mid X_t = a, \theta)}{P(\mathcal{M}(X) = O \mid X_t = b, \theta)} \right| \qquad (3-5)$$

下面讨论隐私损失 ξ_t 与定义 3.2 中隐私预算 ϵ 之间的关系。①隐私预算 ϵ 通常由数据管理者针对干扰机制 $\mathcal{M}$ 进行预设，并用于保护数据提供者所有的状态 X。换句话说，每个状态 $X_t \in X$ 遭受的隐私损失不大于隐私预算 ϵ，即 $\epsilon = \max_t \xi_t$。相比之下，在隐私补偿场景下，给定来自用户干扰噪声分布的方差 v，干扰机制 $\mathcal{M}$ 已经泄露了隐私，而定义 3.5 则用来度量数据提供者在时间 t 的隐私损失。②从 $\epsilon = \max_t \xi_t$ 中可以看出假设干扰机制 $\mathcal{M}$ 已经保证了 ϵ 程度的河豚隐私，如果 ϵ 很小（例如通过添加较大的噪声），那么隐私损失 ξ_t 也将很小。

当干扰机制 $\mathcal{M}$ 采用拉普拉斯噪声干扰结果时，可以给出隐私损失 ϵ_t 的上界。

定理 3.1 $\mathcal{M}$ 表示基于拉普拉斯分布的干扰机制。f 为 ℓ-Lipschitz 函数。$S_{M,t}$ 表示 X_t 的马尔可夫被的集合。v 表示拉普拉斯分布的方差，并由用户在查询中给定。数据提供者在时间 t 处隐私损失的上界为：

$$\xi_t \leqslant \min_{X_M \in S_{M,t}} \left(\frac{\ell \cdot \mathrm{card}(X_C)}{\sqrt{v/2}} + \varPsi_\Theta(X_M \mid X_t) \right) \tag{3-6}$$

在证明定理 3.1 之前，先引入一个引理：给定两个对齐的正数数列，两个数列和的比值不大于两个数列中所有对应元素比值的最大值。

引理 3.1 $\forall n \in \mathbb{Z}^+$，$\forall i \in [n]$，$p_i$，$q_i > 0$，可得

$$\frac{\sum\limits_{i \in [n]} p_i}{\sum\limits_{i \in [n]} q_i} \leqslant \max_{i \in [n]} \frac{p_i}{q_i} \tag{3-7}$$

证明（引理 3.1） 使用数学归纳法进行证明。首先，证明当 $n = 1$ 时引理成立，即 $p_1/q_1 \leqslant p_1/q_1$，这是显然的。其次，假设引理对于任意的 $m \in \mathbb{Z}^+$ 成立，则需证明引理对于 $m+1$ 依然成立。具体地讲，在 $\sum\limits_{i \in [m]} p_i / \sum\limits_{i \in [m]} q_i \leqslant \max\limits_{i \in [m]} p_i/q_i$ 的前提下，或者等价地，$\sum\limits_{i \in [m]} p_i \leqslant \max\limits_{i \in [m]} p_i/q_i \sum\limits_{i \in [m]} q_i$，需要推导出结论，即 $\left(\sum\limits_{i \in [m]} p_i + p_{m+1} \right) \Big/ \left(\sum\limits_{i \in [m]} q_i + q_{m+1} \right) \leqslant \max(\max\limits_{i \in [m]} p_i/q_i, \ p_{m+1}/q_{m+1})$。下面通过反证法进行证明。不失一般性地假设 $\max\limits_{i \in [m]} p_i/q_i > p_{m+1}/q_{m+1}$。如果结论不成立，即 $\left(\sum\limits_{i \in [m]} p_i + p_{m+1} \right) \Big/ \left(\sum\limits_{i \in [m]} q_i + q_{m+1} \right) > \max\limits_{i \in [m]} p_i/q_i$，或者等价地，$\sum\limits_{i \in [m]} p_i + p_{m+1} > \max\limits_{i \in [m]} p_i/q_i \sum\limits_{i \in [m]} q_i + \max\limits_{i \in [m]} p_i/q_i q_{m+1}$，鉴于前提是 $\sum\limits_{i \in [m]} p_i \leqslant \max\limits_{i \in [m]} p_i/q_i \sum\limits_{i \in [m]} q_i$，可推导出 $p_{m+1} > \max\limits_{i \in [m]} p_i/q_i q_{m+1}$，等价于 $\max\limits_{i \in [m]} p_i/q_i < p_{m+1}/q_{m+1}$。这与原始

假设相违背，结论得证。最后根据数学归纳法，引理得证。

$\square$

证明（定理 3.1） 用变量 η 表示干扰机制 $\mathcal{M}$ 中的噪声，并服从拉普拉斯分布 $\mathrm{Lap}(\sigma)$，其中 σ 为尺度参数，并可以使用方差 v 计算，即 $\sigma = \sqrt{v/2}$。

考虑 X_t 的任意一个马尔可夫被 $X_M \in S_{M,t}$（以及对应的 X_C，X_R）。为了简化符号，用 $X_{M\cup R}$ 表示 $X_M \cup X_R$。展开式（3-5）中对数符号里的部分如下：

$$\forall a,b \in A, \theta \in \Theta, O, \frac{P(\mathcal{M}(X)=O \mid X_t=a,\theta)}{P(\mathcal{M}(X)=O \mid X_t=b,\theta)}$$

$$= \frac{P(f(X)+\eta=O \mid X_t=a,\theta)}{P(f(X)+\eta=O \mid X_t=b,\theta)}$$

$$= \frac{\sum_{x_{M\cup R}} P(f(X)+\eta=O \mid X_t=a, X_{M\cup R}=x_{M\cup R},\theta)}{\sum_{x_{M\cup R}} P(f(X)+\eta=O \mid X_t=b, X_{M\cup R}=x_{M\cup R},\theta)} \times \quad (3\text{-}8)$$

$$\frac{P(X_{M\cup R}=x_{M\cup R} \mid X_t=a,\theta)}{P(X_{M\cup R}=x_{M\cup R} \mid X_t=b,\theta)}$$

$$\leqslant \max_{x_{M\cup R}} \frac{P(f(X)+\eta=O \mid X_t=a, X_{M\cup R}=x_{M\cup R},\theta)}{P(f(X)+\eta=O \mid X_t=b, X_{M\cup R}=x_{M\cup R},\theta)} \quad (3\text{-}9)$$

$$\frac{P(X_{M\cup R}=x_{M\cup R} \mid X_t=a,\theta)}{P(X_{M\cup R}=x_{M\cup R} \mid X_t=b,\theta)}$$

其中式（3-8）可以根据全概率公式得出，式（3-9）可以根据引理 3.1 得出。接下来分别给出式（3-9）中两项的上界。

$$\forall x_{M \cup R}, \frac{P(f(X)+\eta=O \mid X_t=a, X_{M \cup R}=x_{M \cup R}, \theta)}{P(f(X)+\eta=O \mid X_t=b, X_{M \cup R}=x_{M \cup R}, \theta)} \tag{3-10}$$

$$= \frac{e^{-\frac{|O-f(X')|}{\sigma}}}{2\sigma} \bigg/ \frac{e^{-\frac{|O-f(X^*)|}{\sigma}}}{2\sigma} = e^{\frac{|O-f(X^*)|-|O-f(X')|}{\sigma}}$$

$$\leqslant e^{\frac{\left| f(X')-f(X^*) \right|}{\sigma}} \tag{3-11}$$

$$\leqslant e^{\frac{\ell \cdot \mathrm{card}(X_C)}{\sqrt{v/2}}} \tag{3-12}$$

其中式（3-10）可以根据 Lap（σ）的概率密度函数得出，式（3-11）可以根据三角不等式推导得出。此外，X' 和 X^* 分别表示 $X \sim \theta \mid X_t=a, X_{M \cup R}=x_{M \cup R}$ 和 $X \sim \theta \mid X_t=b, X_{M \cup R}=x_{M \cup R}$。具体地说，$X'$ 和 X^* 在 X_t 处的初始值不同，虽然固定了 X_t 的相远状态集（即 X_M 和 X_R），但仍能引起 X_t 所有相近状态（即 X_C）的变化。因此，ℓ-Lipschitz 函数 f 最多只会改变 $\ell \cdot \mathrm{card}$（X_C），这解释了式（3-12）。

$$\forall x_{M \cup R}, \frac{P(X_{M \cup R}=x_{M \cup R} \mid X_t=a, \theta)}{P(X_{M \cup R}=x_{M \cup R} \mid X_t=b, \theta)}$$

$$= \underbrace{\frac{P(X_R=x_R \mid X_M=x_M, X_t=a, \theta)}{P(X_R=x_R \mid X_M=x_M, X_t=b, \theta)}}_{=1} \tag{3-13}$$

$$\frac{P(X_M=x_M \mid X_t=a, \theta)}{P(X_M=x_M \mid X_t=b, \theta)}$$

$$\leqslant e^{\Psi_\Theta(X_M \mid X_t)} \tag{3-14}$$

其中式（3-13）和式（3-14）可分别根据马尔可夫被和最大影

响的定义推导得出。结合式（3-12）和式（3-14），最终可得

$$\forall X_M \in S_{M,t}, \xi_t \leqslant \frac{\ell \cdot \operatorname{card}(X_C)}{\sqrt{\upsilon/2}} + \Psi_\Theta(X_M|X_t) \quad (3\text{-}15)$$

定理得证。 □

在计算定理 3.1 中隐私损失的上界时，针对马尔可夫链的拓扑结构，可以将每个状态 X_t 的马尔可夫被集合 $S_{M,t}$ 的大小限制为 $O(T^2)$ 级别，无须像在一般的贝叶斯网络中遍历指数量级的马尔可夫被[113]。图 3-1 展示了马尔可夫被的简洁集合，其具体的形式和充分性表达如下：

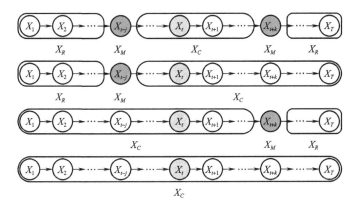

图 3-1 针对状态 X_t（深灰色），用于计算隐私损失上界的马尔可夫被的简洁集合（浅灰色）

引理 3.2 为计算定理 3.1 中隐私损失的上界，搜索马尔可夫被的简洁集合 $S_{M,t} = \{\{X_{t-j}, X_{t+k}\}, \{X_{t-j}\}, \{X_{t+k}\}, \varnothing \mid 1 \leqslant j \leqslant t-1, 1 \leqslant k \leqslant T-t\}$ 是充分的。

证明 此处只给出证明思路，证明细节请参阅文献 [20]。首先根据定义 3.3 和 d 分离（d-separation）证明每个 $X_M \in S_{M,t}$ 是 X_t 的马尔可夫被。然后证明，对于每个马尔可夫被 $X_{M'} \notin S_{M,t}$，存在 $X_M \in S_{M,t}$ 使得在 X_M 上计算出的隐私损失的上界不大于在 $X_{M'}$ 上计算出的隐私损失的上界。引理得证。

$\square$

基于引理 3.2，隐私损失上界中状态 X_t 在马尔可夫被 $X_M = \{X_{t-j}, X_{t+k}\}$ 上的最大影响，即 $\Psi_\Theta(X_M = \{X_{t-j}, X_{t+k}\} \mid X_t)$，可以采取如下的方式进行计算：

$$
\begin{aligned}
&\Psi_\Theta(X_M \mid X_t) \\
&= \max_{a,b,c,d \in A, \theta \in \Theta} \log \frac{P(X_{t-j}=c, X_{t+k}=d \mid X_t=a, \theta)}{P(X_{t-j}=c, X_{t+k}=d \mid X_t=b, \theta)} \\
&= \max_{a,b \in A, \theta \in \Theta} \left(\log \frac{P(X_t=b, \theta)}{P(X_t=a, \theta)} + \right. \\
&\quad \max_{c \in A} \log \frac{P(X_t=a \mid X_{t-j}=c, \theta)}{P(X_t=b \mid X_{t-j}=c, \theta)} + \\
&\quad \left. \max_{d \in A} \log \frac{P(X_{t+k}=d \mid X_t=a, \theta)}{P(X_{t+k}=d \mid X_t=b, \theta)} \right)
\end{aligned} \tag{3-16}
$$

分别省略式(3-16) 中的最后一项和第二项，可以得到针对 $X_M = \{X_{t-j}\}$ 和 $X_M = \{X_{t+k}\}$ 的计算公式，即 $\Psi_\Theta(X_M = \{X_{t-j}\} \mid X_t)$ 和 $\Psi_\Theta(X_M = \{X_{t+k}\} \mid X_t)$。此外，对于特殊的马尔可夫被 $X_M = \varnothing$，其最大影响 $\Psi_\Theta(\varnothing \mid X_t)$ 为 0。

3.3.2　隐私补偿

在度量了隐私损失 ξ_t 后，下面介绍 HORAE 的第二部分，即面向数据提供者的隐私补偿。

首先在服务提供商和数据提供者间引入非递减的隐私合约函数 $\omega(\xi_t)$，其中 $\omega(0)=0$。这是为了保证数据提供者在遭受 ξ_t 程度的隐私损失的情况下，至少能获得 $\omega(\xi_t)$ 的补偿。基于隐私合约函数，下面正式定义服务提供商侧有效的隐私补偿函数。

定义 3.6　$\omega(\cdot)$ 表示服务提供商与数据提供者签订的隐私合约函数。$\rho(\cdot)$ 表示服务提供商采用的隐私补偿函数。如果 $\forall t \in [T]$，$\rho(\xi_t) \geqslant \omega(\xi_t)$，则 $\rho(\cdot)$ 是可满足的。

直观地来看，针对隐私合约函数，可满足的隐私补偿函数能够充分地补偿数据提供者在任何时间 t 所遭受的隐私损失。换句话来说，隐私合约函数限定了隐私补偿函数的下界。

接下来阐述数据提供者如何挑选个性化的隐私合约函数，以及服务提供商如何相应地制定可满足的隐私补偿函数。事实上，隐私合约函数的选择依赖数据提供者的隐私策略。例如，如果一个数据提供者高度重视自己的隐私，并且不接受私有数据的完全泄露[⊖]，该数据提供者可以选择线性

　⊖　通过查询两次包含和去除状态 X_t 的无干扰分析结果，用户可以知道 X_t 的取值。

的隐私合约函数。特别指出，线性的隐私合约函数将会为无干扰的查询（即噪声的方差 $v=0$）设置无穷大的补偿。服务提供商可以相应地利用定理 3.1 中隐私损失的上界制定可满足的隐私补偿函数。

定理 3.2 如果数据提供者选择的隐私合约函数为 $\omega(\xi_t)=c\xi_t$，其中 $c>0$，$t\in[T]$，则如下的隐私补偿函数是无界的且可满足的：

$$\forall t\in\lfloor T\rfloor, \rho(\xi_t)$$
$$=c\min_{X_M\in S_{M,t}}\left(\frac{\ell\cdot\mathrm{card}(X_C)}{\sqrt{v/2}}+\Psi_\Theta(X_M|X_t)\right) \quad (3\text{-}17)$$

证明 首先证明无界性，即 $v=0\Rightarrow\rho(\xi_t)=\infty$；其次证明可满足性，即不等式 $\forall t\in[T]$，$\rho(\xi_t)\geqslant\omega(\xi_t)$，可根据定理 3.1 推导得出。 □

然而，线性的隐私合约函数可能不适用于那些不关心自己隐私的数据提供者，它们愿意以较高但是有限的价格泄露自己的数据。这类型的数据提供者可以选择一些有界的隐私合约函数，例如通过进一步应用截断函数和 sigmoid 函数等。特别指出，sigmoid 函数被广泛地用作神经网络的激活函数。

定理 3.3 如果数据提供者选择的隐私合约函数为 $\omega(\xi_t)=c\tanh(d\xi_t)$，其中 c，$d>0$，$t\in[T]$，则如下的隐私补偿函数是有界的且可满足的：

$$\forall t \in [T], \rho(\xi_t)$$

$$= c\tanh\left(d \min_{X_M \in S_{M,t}} \left(\frac{\ell \cdot \mathrm{card}(X_C)}{\sqrt{v/2}} + \Psi_\Theta(X_M \mid X_t)\right)\right) \quad (3\text{-}18)$$

证明 首先证明有界性，即 $0 \leqslant \rho(\xi_t) \leqslant c$；其次证明可满足性，即不等式 $\forall t \in [T]$，$\rho(\xi_t) \geqslant \omega(\xi_t)$，可根据定理 3.1 和 tanh 函数的非递减性推导得出。 $\square$

最后更仔细地观察用户查询 Q 的形式，并定义数据提供者整体的隐私补偿。除了可接受的噪声方差 v 之外，Q 包含了一般化的数据分析函数 f。在时序感知数据服务交易场景中，f 应该显式地表达它的输入 $X_Q \subset X$ 而非完整的感知数据集 X。进一步地说，X_Q 可以通过指定一对起点和终点以及一个采样周期明确地进行表达。这种查询设置会改变马尔可夫链的初始分布和转移矩阵，从而影响定理 3.2 和定理 3.3 中的隐私补偿函数。通过考虑查询的状态集合 X_Q，下面给出数据提供者整体的隐私补偿。

定义 3.7 X_Q 表示用户查询 Q 所指定状态的集合。面对查询 Q，数据提供者整体的隐私补偿为

$$\rho(Q) = \sum_{X_t \in X_Q} \rho(\xi_t) \quad (3\text{-}19)$$

其中 $\rho(\xi_t)$ 可采用定理 3.2 中无界的隐私补偿函数或定理 3.3 中有界的隐私补偿函数。

3.3.3 查询定价

本小节介绍 HORAE 的最后一部分，即面向用户查询的定价。首先引入定价函数需具有的三个经济学性质。

定义 3.8 $\pi(Q)$ 表示面向 Q 有效的定价函数。$\pi(Q)$ 需要具有如下性质。

- 公平性：如果 $X_Q = \varnothing$，则 $\pi(Q) = 0$。
- 可盈利性：$\pi(Q) \geqslant \rho(Q)$。
- 无套利性：如果 Q 决定 Q'，则 $\pi(Q) \geqslant \pi(Q')$。

在上述定价函数有效性的定义中，①公平性是指如果用户没有查询任何的状态，则服务提供商不应该收取费用。这也意味着，如果用户的查询不涉及任何状态，则不会对数据提供者造成隐私损失，数据提供者的隐私补偿也为 0；②可盈利性保证服务提供商的收益非负；③如果定价函数 $\pi(\cdot)$ 中存在套利机会（例如 $\pi(Q) < \pi(Q')$），则用户不会支付 Q' 的完整价格。反之，用户会购买更便宜的查询 Q 来得到 Q' 的结果。套利的存在将损害服务提供商的收益。因此，服务提供商需要排除潜在的套利机会。

下面从一个基本的定价函数出发，即将查询的价格 $\pi(Q)$ 直接设置为整体的隐私补偿 $\rho(Q)$。这可以很容易地验证基本定价函数满足公平性和可盈利性（收益为 0）。为了验证基本定价函数是否满足无套利性，关键需要确定一个查询是否可以由其他查询决定。决定关系已经在干扰查询/统计的已有工作[40] 中被定义过，其中函数 f 可以有不同的 Lipschitz 系数并且作用于整个数据集 X。与已有工作互补的是，本章考虑的数据分析函数 f 具有特定的 Lipschitz 系数 ℓ，但作用于 X 的任意数据子集 X_Q。为了简化表达，我们通过用户查询的状态集合 X_Q 来指定用户请求的数据分析函数 f，即查询可表示为 $Q = (X_Q, v)$。此外，在时序感知数据服务交易场景中，不同查询间的决定性关系定义如下：

定义 3.9　对于两个感知数据服务的查询 $Q = (X_Q, v)$ 和 $Q' = (X_{Q'}, v')$，如果 Q 决定 Q'，需要至少满足下面两个条件中的一个：

- 更多的状态，即 $X_{Q'} \subset X_Q$，$v = v'$；
- 更少的噪声，即 $X_Q = X_{Q'}$，$v \leqslant v'$。

结合定义 3.8 中的无套利性可以解释上述的决定关系。与 Q' 相比，如果 Q 涉及更多的状态或更少的噪声，则 Q 的价格不低于 Q' 的价格。从期望的结果准确度来看，更多的状态和更少的噪声意味着结果在期望上更精确；从期望的隐私损失来看，两个条件中的任何一个在期望上都会导致更大的隐私损失，因此隐私补偿更高。依据 HORAE 自底向上的设计结构，分配给数据提供者更高的隐私补偿意味着用户支付的价格更高。

根据查询间的决定关系，接下来考虑如何保证定价函数 $\pi(Q)$ 的无套利性。首先是查询状态的集合 X_Q。可以发现，基本定价函数能够满足无套利性中更多状态的规则，因为其分别将数据提供者在时间 t 时的隐私损失 ξ_t 和隐私补偿 $\rho(\xi_t)$ 当作一件商品和该商品的底价，基本定价函数本质上属于按件计价（item pricing）并能保证查询状态集合 X_Q 的无套利性。其次是噪声方差 v。直观地来看，$\pi(Q)$ 应该随着 v 的增加而单调递减，但最大的问题是确定 $\pi(Q)$ 随着 v 递减的速率。为了确定临界速率，将 3.1 节中所提出的套利攻击作为启发式的例子：面对相同的数据分析，攻击者通过平均多个添加了不同方差噪声干扰的结果，以获得噪声方差较小的结果。

例 3.1 用户作为套利攻击者想要获得查询 (X_Q, v) 的结果，但是只想支付更低的价格。用户可能去购买 n 个其他更便宜的查询，这些查询针对相同的状态集合 X_Q 但具有较大的方差，表示为 $\{(X_Q, v_i) \mid i \in [n], v_i > v\}$。用户计算 n 个结果的平均值，可以获得无偏的结果 $f(X_Q)$ 且方差 $\frac{1}{n^2}\sum_{i=1}^{n} v_i$ 变小。如果定价函数 $\pi(\cdot)$ 是无套利的，则下面的条件语句必然成立：

$$\frac{1}{n^2}\sum_{i=1}^{n} v_i \leq v \Rightarrow \sum_{i=1}^{n} \pi(X_Q, v_i) \geq \pi(X_Q, v) \quad (3\text{-}20)$$

进一步给出下面的引理以挫败套利攻击。

引理 3.3 对于任何无套利的定价函数 $\pi(Q)$ 并且只依赖两个独立的部分 X_Q 和 v，则 $\pi(Q)$ 递减的速率不能超过 $1/v$。

证明 首先证明 $1/v$ 是临界函数，即 $\pi(X_Q, v) = g(X_Q)/v$ 是无套利的，其中 $g(X_Q)$ 只依赖 X_Q。下面证明式(3-20)中的条件语句成立。

$$\sum_{i=1}^{n} \pi(X_Q, v_i) = g(X_Q) \sum_{i=1}^{n} \frac{1}{v_i} \tag{3-21}$$

$$\geq g(X_Q) \frac{n^2}{\displaystyle\sum_{i=1}^{n} v_i}$$

$$\geq g(X_Q) \frac{n^2}{n^2 v}$$

$$= \frac{g(X_Q)}{v} \tag{3-22}$$

$$= \pi(X_Q, v)$$

其中式(3-21)可依据均值不等式中调和平均数不大于算术平均数，即

$$\frac{n}{\displaystyle\sum_{i=1}^{n} \frac{1}{v_i}} \leq \frac{\displaystyle\sum_{i=1}^{n} v_i}{n} \Rightarrow \sum_{i=1}^{n} \frac{1}{v_i} \geq \frac{n^2}{\displaystyle\sum_{i=1}^{n} v_i} \tag{3-23}$$

此外，式(3-22)依据式(3-20)的前提条件。当这两个不等式同时取等号时，可以获得临界的方差集合 $\{v_i = nv \mid i \in [n]\}$。这表明购买多次具有相同方差噪声干扰的查询是最有效的套利途径。

下面证明如果 $\pi(X_Q, v)$ 递减的速度快于 $1/v$，将存在套利。考虑一组方差 $\{v_i \mid i \in \{1, \infty\}\}$ 使得 $\lim_{i \to \infty} v_i = \infty$ 以

及 $\lim_{i \to \infty} v_i \pi(X_Q, v_i) = 0$。可以找到 $i_0 > 1$ 使得 $v_{i_0} \pi(X_Q, v_{i_0}) < \pi(X_Q, 1)/2$。为了回答查询 $(X_Q, 1)$，可通过购买 $\lceil v_{i_0} \rceil$ 次相同的查询 (X_Q, v_{i_0})，然后平均结果。对于这些 $\lceil v_{i_0} \rceil$ 次的查询，用户需要支付的价格小于 $\pi(X_Q, 1)$。正式的推导如下：

$$\lceil v_{i_0} \rceil \pi(X_Q, v_{i_0}) < 2 v_{i_0} \pi(X_Q, v_{i_0}) < \pi(X_Q, 1) \qquad (3\text{-}24)$$

这产生了套利。引理得证。   □

根据引理 3.3，重新检查基本定价函数 $\pi(Q) = \rho(Q) = \sum_{X_t \in X_Q} \rho(\xi_t)$。须知有效的隐私补偿函数 $\rho(\xi_t)$ 依赖隐私补偿的上界，即 $\min_{X_M \in S_{M,t}}((\ell \cdot \mathrm{card}(X_C))/\sqrt{v/2} + \Psi_\Theta(X_M | X_t))$。可以观察到，对于某个特定的状态 $X_t \in X_Q$，如果方差 v 改变，则隐私损失的上界会选择一个不同的马尔可夫被 $X_M \in S_{M,t}$ 以达到最小值。换句话来说，在基本定价函数中 v 的变化不是独立的，而这可能无法满足定义 3.9 中更小噪声的原则，这也使得保证关于 v 的无套利性非常困难。为了解决这个问题，在基本定价函数的基础上，HORAE 中的高端定价函数固定了每个状态 X_t 的马尔可夫被 $X_{M,t}$（以及对应的 $X_{C,t}$、$X_{R,t}$）。此外，HORAE 为服务提供商提供了以下两种策略以获得固定的马尔可夫被序列：

- **随机策略。** 服务提供商随机选择一个固定马尔可夫被的序列，使得每个状态在其马尔可夫被上的最大影响是有限值。

- **引导策略**。服务提供商首先选取一个引导性的查询设置，并将该查询下的马尔可夫被序列用于其他所有的查询。

对于基本定价函数的改进有以下几点良好的性质：①高端定价函数中的噪声方差 v 是独立的，满足了引理 3.3，这也使得引理 3.3 可以被用于在理论上规避关于 v 的套利机会；②与基本定价函数相同，高端定价函数依然保持了按件计价的模式，因此可以保证关于状态集合 X_Q 的无套利性。结合第一点，并考虑到 X_Q 和 v 的相互独立性，高端定价函数可以保证在定义 3.9 条件下的无套利性；③根据一个集合中的任意元素不小于该集合中的最小元素，高端定价函数 $\pi(Q)$ 作为整体隐私补偿 $\rho(Q)$ 的上界可以保证可盈利性。为了衡量服务提供商的收益，本章引入经济学中一个常用的指标，称为"盈利率"，即利润与成本之间的比值。在感知数据服务交易场景下，将收取用户的费用 $\pi(Q)$ 看作收入，将分配给数据提供者整体的隐私补偿 $\rho(Q)$ 作为成本，则盈利率为 $\pi(Q)/\rho(Q)-1$。值得注意的是，在引导策略下，服务提供商可以很好地控制自己的盈利率。具体地说，如果用户查询引导设置，则盈利率为 0；如果用户的查询偏离引导设置，则盈利率增大。后续的实验将验证这点。

针对定理 3.2 和定理 3.3 中两种不同的隐私补偿函数，下面分别设计对应的高端定价函数。具体地说，第一种高端定价函数为无干扰的查询设置无穷大的价格。

定理 3.4 对于定理 3.2 中的隐私补偿函数，下面的高端定价函数是有效且无界的：

$$\pi(Q) = c \sum_{X_t \in X_Q} \left(\frac{\ell \cdot \text{card}(X_{C,t})}{\sqrt{\upsilon/2}} + \Psi_\Theta(X_{M,t} \mid X_t) \right) \quad (3\text{-}25)$$

证明 首先证明公平性，即 $X_Q = \varnothing \Rightarrow \pi(Q) = 0$；其次证明可盈利性，即 $\pi(Q) \geqslant \rho(Q)$，成立性可根据最小值函数的性质推导得出；再次证明无套利性，对于 X_Q，通过定义 3.9 进行证明，即 $X_{Q'} \subset X_Q$，$\upsilon = \upsilon' \Rightarrow \pi(Q) \geqslant \pi(Q')$，成立性可根据 $X_Q / X_{Q'} \neq \varnothing \Rightarrow \pi(Q) - \pi(Q') = c \sum_{X_t \in X_Q / X_{Q'}} (\cdot) \geqslant 0$ 推导得出；对于 υ，通过引理 3.3 证明，即 $\pi(Q)$ 以 $1/\sqrt{\upsilon}$ 的速率递减，这一速率低于 $1/\upsilon$；最后证明无界性，即 $\upsilon = 0 \Rightarrow \pi(Q) = \infty$。定理得证。□

第二种高端定价函数将以某个有限的价格售卖无干扰的查询。

定理 3.5 对于定理 3.3 中的隐私补偿函数，下面的高端定价函数是有效且有界的：

$$\pi(Q) = c \sum_{X_t \in X_Q} \tanh \left(d \left(\frac{\ell \cdot \text{card}(X_{C,t})}{\sqrt{\upsilon/2}} + \Psi_\Theta(X_{M,t} \mid X_t) \right) \right) \quad (3\text{-}26)$$

证明 定理 3.5 与定理 3.4 的证明不同点在于，前者的 $\pi(Q)$ 以 $\tanh(1/\sqrt{\upsilon})$ 的速率递减，这一速率也低于 $1/\upsilon$。此外，有界性可以由 $0 \leqslant \pi(Q) \leqslant c \cdot \text{card}(X_Q)$ 证明。□

值得注意的是，上述高端定价函数的无套利性还能针对定义 3.9 中 "更多状态" 规则的传递版。具体而言，如果多个查询结果 $\{f(X_{Q_i}) \mid i \in [n]\}$ 复合后的噪声方差不小于 υ，则 $\bigcup_{i=1}^{n} X_{Q_i} \subset X_Q$，$\upsilon_i = \upsilon \Rightarrow \pi(Q) \geqslant \sum_{i=1}^{n} \pi(Q_i)$ 成立。以统计查询为例，Q、Q_1 和 Q_2 分别表示对于完整时间戳、奇数时间戳和偶数时间戳上状态集合的计数查询。三个查询中的噪声方差都为 υ。考虑到复合 Q_1 和 Q_2 是通过加法操作进行，因此复合噪声的方差 $2\upsilon > \upsilon$，这也意味着 Q 能够决定 $Q_1 \cup Q_2$。综上可得，Q 的价格不能低于 Q_1 与 Q_2 价格的和，即 $\pi(Q) \geqslant \pi(Q_1) + \pi(Q_2)$。

最后分析高端定价函数处理在线用户的实用可行性。换句话来说，服务提供商需要以较低的在线时延为每个查询 Q 制定价格 $\pi(Q)$。从定理 3.4 和定理 3.5 可知，为了计算 $\pi(Q)$，服务提供商需要计算每个状态 $X_t \in X_Q$ 在其固定的马尔可夫被 $X_{M,t}$（通过随机策略或者引导策略决定）上的最大影响，而无须遍历 $O(T^2)$ 大小的马尔可夫被的简洁集合。因此计算 $\pi(Q)$ 的时间复杂度为 $O(\mathrm{card}(X_Q))$。这一复杂度与查询的状态数量呈线性关系，因此高端定价函数足够高效。

3.4 实验评估

本实验关注身体活动监测数据的交易场景，并展示 HO-RAE 的测试结果，主要包括细粒度的隐私度量和隐私补偿、经济学鲁棒的查询定价，以及交易机制实现的细节和开销。

3.4.1 实验设置

数据集：本实验采用公开的 ARAS（Activity Recognition with Ambient Sensing）数据集[114]。该数据集包括 30 天的实际监测数据，包括来自两个住宅中的传感器读数以及活动标签，其中每个住宅有两名住户。监测数据的原始采样周期是 1 秒。整个数据集中身体活动的总次数为 10 368 000。此外，总计 27 种不同的日常活动被记录，例如睡觉、学习、剃须、吃晚饭、听音乐等。

数据处理：本实验将 4 个住户看作 4 个不同的数据提供者，并将他们从 1~4 编号，其中前两个数据提供者在一个房间，后两个数据提供者在另一个房间。此外，将 27 种不同的活动作为状态空间 A。实验通过改变某个数据提供者身体活动数据的数据量和采样周期，以测试具有不同参数的马尔可夫链。特定的一对数据量和采样周期将覆盖所有可能的起点，这可以验证不同终点的影响。

3.4.2 细粒度的隐私损失和隐私补偿

本小节展示数据提供者的隐私损失和隐私补偿。

3.4.2.1 隐私损失

首先展示 4 个数据提供者在每个时间戳隐私损失的上界，统计的均值和标准差如表 3-1 所示，其中采样周期从 1

秒变化到 1 分钟以及 1 小时。此外，所有的马尔可夫链的长度都被固定在 720，这同时也是所有的数据提供者在 1 小时采样周期的设定下最大的活动序列长度。此外，数据分析函数的 Lipschitz 系数 ℓ 被设置为 1，噪声的方差 υ 为 10。根据切比雪夫不等式（Chebyshev's inequality），该方差可以保证分析误差在 10 以内的置信度达到90%。

表 3-1　在每个时间戳隐私损失的上界

采样周期	数据提供者 1	数据提供者 2	数据提供者 3	数据提供者 4
1 秒	59.391(8.070)	62.588(7.815)	68.329(8.485)	66.141(8.801)
1 分钟	30.958(2.763)	31.032(2.697)	30.026(2.899)	31.826(2.946)
1 小时	6.972(0.295)	6.919(0.265)	8.203(0.341)	10.360(0.528)

注：统计结果以"均值（标准差）"的形式呈现。

从表 3-1 中可以观察到，当采样周期变长时，数据提供者的隐私损失上界逐渐减少，主要的原因是时间关联性发生变化。更长的采样周期导致更弱的时间关联性，因此隐私损失更少。从表 3-1 中还可以观察到，前两个数据提供者和后两个数据提供者的隐私损失上界在整体上保持一致。这是因为在相同住宅中的数据提供者具有相似的活动模式，数据生成模型相近，所以隐私损失情况整体保持一致。

3.4.2.2　隐私补偿

下面保持原有的采样周期，并进一步探索数据提供者在不同时间的隐私补偿。为了方便呈现和比较结果，固定每个数据提供者整体的隐私补偿，使其平均在每个时间戳收到的隐私补偿为 10，即 $\rho(Q) = 10\mathrm{card}(X_Q)$。此外，本实验测试无界的和有界的隐私补偿函数。对于有界的补偿函数，为每个数据提供者挑选参数 d 使得 tanh 函数的输入被放缩到不大于 1。图 3-2 和图 3-3 展示了实验结果，其中横轴上一对相邻的刻度代表前闭后开的区间，例如 10~10.5 代表隐私补偿在 10~10.5 之间但不包括 10.5。

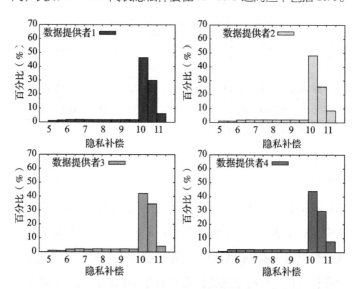

图 3-2　身体活动监测数据服务交易场景下无界的隐私补偿

如图 3-2 和图 3-3 所示，首先可以观察到，每个数据提供者在不同时间获得了不同的隐私补偿，区别于在条目/群体差分隐私框架下获得均一的 10 单位的补偿。其主要原因是，①根据引理 3.2，数据提供者在不同时间的状态具有不同集合的马尔可夫被，同时对马尔可夫被的最大影响不同，这也意味着隐私补偿不同。②比较两种不同的隐私补偿函数可以发现，在有界的隐私补偿函数下，更多的隐私补偿落在了 10~10.5 的中间区域。结果体现了无界隐私补偿函数所采用的线性函数与有界隐私补偿函数所采用的 tanh 函数之间的区别。具体地说，tanh 函数相比线性函数对于输入的变化更不敏感。③比较前两个数据提供者和后两个数据提供者的隐私补偿，可以发现二者大体上保持一致。此外，相比前两个数据提供者，后两个数据提供者的隐私补偿更偏离中心区域。这一现象与表 3-1 所示的在原始采样周期（即 1 秒）处所呈现的隐私损失上界的标准差项保持一致。

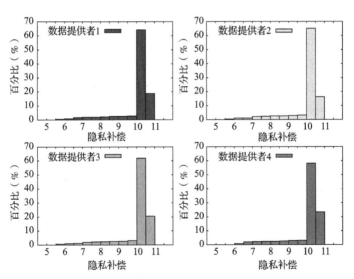

图 3-3　身体活动监测数据服务交易场景下有界的隐私补偿

上述的实验结果表明 HORAE 的确能以更细粒度的方式补偿数据提供者在不同时间的隐私损失。

3.4.3 鲁棒的查询定价

本小节从查询状态集合、噪声方差和无套利性角度评估查询定价函数。与定理 3.4 中无界的高端定价函数相比，定理 3.5 中有界的高端定价函数额外使用了缩放参数 d 和 tanh 函数，这将会削弱 4 个不同数据提供者实验结果的差异性。该现象已经在上述的隐私补偿实验中观察到，因此下面只展示无界的高端定价函数的结果。

查询状态集合： 首先测试定价函数中查询状态的集合 X_Q，并分别改变其大小和采样周期。测试查询状态集合的大小使用原始的采样周期，并采用随机策略生成固定的马尔可夫被序列。相比之下，测试采样周期则将查询状态的数量设置为 250（这一数值大约是当采样周期为 10 000 秒时马尔可夫链的最大长度），并采用引导策略生成固定的马尔可夫被序列，其中引导性的采样周期设置为原始采样周期（1 秒），引导性的噪声方差为 10。其他参数设定与隐私补偿实验保持一致。图 3-4a 和图 3-4b 分别展示了当查询状态的数量从 100 以幅度 100 增加到 1 000 时，以及当采样周期从 1 秒指数式增长到 10 000 秒时的实验结果。

从图 3-4a 中可以观察到，盈利率随着查询状态的数量增加而增长。这是因为根据定理 3.2，查询更多的状态，对于每

个状态 X_t，将需要搜索更大规模的马尔可夫被集合 $S_{M,t}$ 以获取更低的隐私补偿 $\rho(\xi_t)$。相比之下，当制定查询价格 $\pi(Q)$ 时，高端定价函数为 X_t 固定了马尔可夫被 $X_{M,t}$，这意味着 $\pi(Q)$ 中涉及 X_t 的部分几乎与查询状态的数量无关。因此，依赖于 $\pi(Q)/\rho(Q)$ 的盈利率与查询状态的数量呈单调递增趋势。

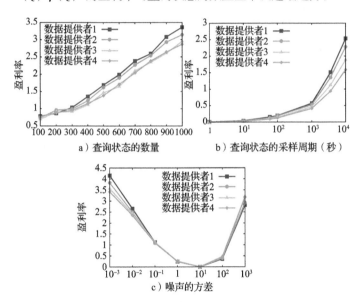

图 3-4   身体活动监测数据交易场景下无界的高端查询定价

从图 3-4b 中可以观察到，盈利率在原始采样周期处为 0。这是因为引导性查询采用了原始采样周期，所以用于查询定价的马尔可夫被序列与用于隐私补偿的马尔可夫被序列相同，并使得查询的价格 $\pi(Q)$ 等于整体的隐私补偿 $\rho(Q)$。

另一个重要的观察是，盈利率随着采样周期的增加而增加。主要原因是当采样周期偏离引导性的采样周期（1 秒）时，用于查询定价的固定马尔可夫被序列与用于隐私补偿的马尔可夫被序列差别变大，这意味着更高的盈利率。

噪声方差：接下来评估定价函数的另一部分，即噪声的方差 v。图 3-4c 展示了当 v 从 0.001 以指数式增长到 1 000 时的测试结果。该实验采用原始的采样周期，而其他设置与采样周期的实验保持一致（采用引导策略生成固定的马尔可夫被序列，且引导性的噪声方差为 10）。

从图 3-4c 中可以观察到，盈利率曲线呈下凸状。具体来说，盈利率在引导性方差 $v = 10$ 处为 0；而当 v 偏离 10 时，盈利率增加。背后的原因与评估采样周期时观察到递增现象的原因类似，不同点在于 v 的变化是双向的，而采样周期的变化是单向的。

下面讨论服务提供商如何利用图 3-4 中盈利率曲线的凸性。如果服务提供商将它的引导策略（例如一对特定的采样周期和噪声方差）公开发布，可以引导用户购买具有引导设置的查询。如果隐藏引导策略，则服务提供商可以精细地制定引导策略（例如通过学习用户的查询历史）以最大化期望盈利率。

无套利性：最后通过模拟例 3.1 中的套利攻击，以评估查询定价函数的无套利性。在套利攻击中，用户作为攻击者想获得查询（X_Q，v）的结果，但不直接购买，而是间接地

购买 n 个具有相同状态集合 X_Q 但噪声方差不同且更高的查询，即 $\{(X_Q, v_i) \mid i \in [n], v_i > v\}$。在攻击模拟中，每个 v_i 是从以 v 和 $(n^2 - n + 1)v$ 为两端点的开区间中随机采样，并满足和为 $n^2 v$。具体地说，v 被设置为 10，n 被设置为 100。其他的实验参数与噪声方差实验保持一致。面向无界的基本定价函数和高端定价函数，在模拟了 10 000 次的攻击后，绘制出以攻击开销 $\sum_{i=1}^{n} \pi(X_Q, v_i)$ 与原始价格 $\pi(X_Q, v)$ 的比值为横坐标、小于该比值的攻击次数占总次数的比例（称为"累积比例"）为纵坐标的图 3-5。值得注意的是，累积比例与常见的累积分布函数的不同点在于，累积比例不包含终点。例如，当攻击开销与原始价格的比值为 1 时，累积比例代表 10 000 次攻击中攻击开销严格小于原始价格的攻击所占的比例，即发现套利的成功率。通过观察图 3-5 在比值为 1 时的累积比例可以发现，基本的定价函数和高端的定价函数都是无套利的。进一步地说，从图 3-5 中还能观察到在高端定价下发起套利攻击的开销要大于在基本定价下发起套利攻击的开销。直观地来看，面向特定的数据提供者，攻击开销的期望值大致可以通过曲线与坐标轴之间的面积表示。以第一个数据提供者为例，在高端定价函数下发起套利攻击，最有可能发生的情况是，攻击者支付原始价格的 40~41 倍的概率高达 45.35%。相比之下，在基本定价函数下，最有可能发生的情况是，攻击者支付原始价格的 14~15 倍的概率为

31.14%。因此，从抵御套利攻击的角度来看，高端定价函数比基本定价函数更鲁棒，这与3.3.3节的分析相一致。

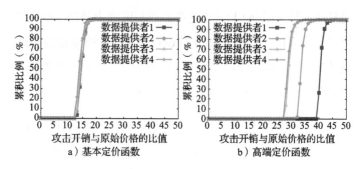

图3-5　无界的基本定价函数和高端定价函数的无套利性

上述的实验结果表明HORAE中的查询定价机制可以保证服务提供商侧良好的可盈利性和针对策略用户的无套利性。

3.4.4　计算开销与内存开销

HORAE 的实现主要利用了 Matlab R2016b。运行机器是一台 Broadwell 服务器。操作系统是 Linux 5.1.4。处理器是10核的 Intel(R) Xeon(R) E5-2630 v4，基础频率为 2.20 GHz。内存大小为 64 GB，缓存大小为 25 MB。记录程序的运行时间使用了 Matlab 建议的一对 tic 和 toc 函数。监视内存开销利用了命令 cat/proc/PID/status|grep'VmRSS'，其中 PID 表示 HORAE 进程的标识符。

开销测试采用的参数设置与噪声方差实验中的一致。模拟 10 000 次在每个数据提供者数据集上的查询，统计出平均处理每次查询的计算和内存开销，统计结果如表 3-2 所示。可以观察到，隐私补偿和查询定价的计算开销分别处于秒和毫秒级别。鉴于只有查询定价模块需要在线运行，而隐私补偿模块可以离线执行，从在线的响应时间来看，HORAE 非常高效。此外，HORAE 的内存开销大约是 500 MB，这对于基于云服务端的服务提供商来说是可接受的。

表 3-2　平均处理每次查询的计算和内存开销

开销	数据提供者 1	数据提供者 2	数据提供者 3	数据提供者 4
隐私补偿（离线）	7.345 秒	5.665 秒	6.165 秒	4.342 秒
查询定价（在线）	3.984 毫秒	2.857 毫秒	2.810 毫秒	2.046 毫秒
内存	495.742MB	502.109MB	503.742MB	502.516MB

总的来说，本章提出的面向感知数据服务交易的框架 HORAE 足够的轻量化。

3.5　本章小结

本章提出了面向时序感知数据服务的交易框架 HORAE。在 HORAE 中，数据提供者的关联性隐私损失被细粒度地刻画，且被以可满足的方式进行补偿；服务提供商可以很好地控制盈利率；用户必须真实地购买所需的分析查询，而不能通过套利的方式游戏市场。实验将 HORAE 应用到身体活动监测场景，并在实际的 ARAS 数据集上进行了测试。实验结果表明了 HORAE 的有效性和高效性。

第 4 章

模型推理服务中隐私可保护的批量结果验证协议

本章主要针对数据迁移模式下的模型推理服务，研究如何在保护服务提供商的模型机密性和用户的测试数据隐私的前提下，使得用户（尤其是资源受限的终端用户）能够聚合批量地验证大规模推理结果的正确性，轻量化地实现隐私安全和效用可信的统一。

4.1 引言

随着人工智能的快速发展，许多公司、机构和云平台（例如亚马逊 AWS、谷歌云、微软 Azure 和阿里云）纷纷推出常用的机器学习模型推理服务，例如自然语言理解、图片分类、视频标注和异常检测，并主要按推理次数进行计费。此外，云平台也推出了一站式的机器学习即服务（Machine Learning as a Service，MLaaS），并提供更广泛的模型推理服务，使得机器学习方面的专家和非专家都能利用自己的数据构建训练模型。然而，现有的模型推理生态体系中存在很严重的安全可信问题：在不泄露模型参数和测试数据的前提下，服务提供商很难高效地进行模型推理，并为用户提供结果正确性的证明。

可验证性和隐私保护对于人工智能的长期健康发展至关重要。服务提供商承担着模型服务的整个流程，包括数据采集、预处理、模型训练，以及支持用户高并发的推理查询。因此，服务提供商的负载较高，并在面临软硬件错误、内部人员操作失误，以及外部恶意攻击时，可能返回错误的结果。此外，为了削减操作开销，策略性的服务提供商可能存在较强的动机返回错误的结果，如果这样的结果产生较低的开销就很难被用户发现。以分类任务为例，一个机会主义的做法是在不处理测试数据的情况下返回随机标签。如果这种投机的行为不能被发现并被制止，用户将会产生较大的损失，尤其是在对结果正确性有着严格需求的场景，例如医疗服务场景中的疾病诊断和药剂量控制、住宅监控场景中的人脸和目标识别、金融场景中的风险评估和投资建议等。因此，结果的可验证性对于实现透明可信的模型推理服务必不可少。此外，保护服务提供商模型的机密性和用户测试数据的隐私也至关重要。一方面，构建一个高质量的模型不仅依赖海量高质量的训练数据，还依赖对机器学习算法和模型结构的探索。一个性能调优的模型需要耗费服务提供商较多的资源，但对其有较高的商业价值。这就意味着模型中的关键参数(例如支持向量机中的支持向量、神经网络的权重和偏置)不能泄露给贪心的用户和外部攻击者。另一方面,在处理用户敏感私密的测试数据时,尊重和保护数据隐私是服务提供商的底线。同时,考虑到模型可能包含底层训练数据的私密信息(例如支持向量机模型中的参数,即支持向量,本身就是训练数据),保证模型机密性在一定程度上也意味着保护数据提供者训练数据的隐私。近年来接连发生的隐私泄露事件以及各国相继推出的数据安全相关法律法规也凸显了保护数据隐私的重要性。

设计隐私可保护的模型推理结果验证协议主要有三个挑战。第一个挑战是,实现结果的可验证性与保护模型的机密性是两个相互矛盾的目标。结果验证一般需要用户知道模型的关键参数,而这与模型机密性相违背。具体地说,外包计算场景中的可验证计算使得服务提供商能够生成验证结果正确性的验证器,而用户作为一个验证者同时也是计算的外包者在验证之前需要知道具体的函数。第二个挑战来自对测试数据隐私的保护,这使得保证结果的可验证性更难。为了同时保证数据的隐私和可用性,用户可以利用同态加密协议加密测试数据,而服务提供商可以在密文上进行计算。然而,一个潜在的问题是,结果验证器通常涉及测试数据,而服务提供商只知道密文可能无法生成验证器。进一步地说,在同态加密协议之上构造一个高效的验证协议是一个非凡的任务。此外,还有一些保护机器学习训练阶段数据隐私的工作，例如保证差分隐私的训练算法，这与本章是平行的，因为本章的目标是保护模型推理阶段测试数据的隐私。第三个挑战是如何高效地验证模型推理底层大量算子的正确性。例如，基于多项式核函数和径向基核函数（又称高斯核函数）的支持向量机分别需要计算每个测试样本与每个支持向量间的点积和平方欧氏距离。在实验采用的垃圾短信识别任务中，支持向量占训练数据集的比例最高可达 20.98%。如果用户串行地验证大规模测试数据的推理结果，验证速度将非常慢。同时，用户与服务提供商之间传输大量的验证器也将产生难以承受的通信开销。因此，串行验证必然成为瓶颈且无法支持资源受限的终端用户。

　　针对上述三个挑战，本章提出了隐私可保护的推理结果批量验证协议 MVP（Machine learning prediction with Verifiability and Privacy preservation）。MVP 主要利用多项式分解和素数阶的双线性群，同时实现了秘密模型推理和批量结果验证，并保护了模型和测试数据的机密性。MVP 协议的流程如图 4-1 所示，用户首先利用改进的 BGN 同态加密协议加密测试数据集，并将密文上传至服务提供商。改进的 BGN 同态加密协议基于素数阶的双线性群，而原始的 BGN 协议基于合数阶的双线性群，并要求合数难分解。因此，改进的协议中群元素长度更短，可以大幅削减计算和通信开销。服务提供商以测试数据的密文和自己模型参数的明文为输入，利用轻量化的同态性质，例如同态加、同态加常数和同态乘常数等，进行秘密推理。服务提供商同时利用多项式分解和双线性群生成聚合验证器。推理结果密文经第三方服务侧的模型管理者解密后返回给用户。用户利用双线性进行批量推理结果的验证。实验将 MVP 实例化为支持向量机模型和垃圾短信识别任务，并在 3 个实际数据集上进行了实验。当用户查询 1 000 个测试样本且特征规模为 1 000 时，主要的实验结果如下：①在稀疏加密策略下，平均每个测试样本秘密推理的时间开销为 0.95 秒；②在使用多项式核函数和径向基核函数的情况下，平均每个测试结果的验证开销分别为 9.47 毫秒和 11.66 毫秒，用户的通信开销分别为 0.241 MB 和 0.483 MB。

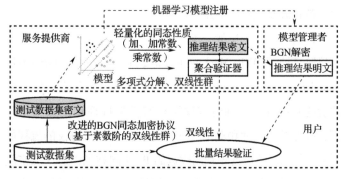

图 4-1　MVP 协议的流程

4.2　技术准备

本节首先介绍支持向量机这一经典的监督学习算法，然后介绍 MVP 所涉及的密码学知识和工具。

4.2.1　支持向量机

给定一个包含 m 个样本的训练数据集 $\{\boldsymbol{x}_l, y_l\}_{l=1}^{m}$，其中每个训练样本由一个 n 维的特征向量 $\boldsymbol{x}_l = (x_1^{(l)}, \cdots, x_n^{(l)})^{\mathrm{T}} \in \mathbb{R}^n$ 和一个二分类的标签 $y_l \in \{-1, 1\}$ 组成。支持向量机[115]的学习目标是找到以最大间隔区分训练数据的超平面。离超平面最近的训练数据被称为支持向量。如果训练数据线性不可分，可以通过使用核函数 $K(\cdot, \cdot)$ 将原始训练数据映射到一个更高维的特征空间。支持向量机分类器的一般形式可表示为

$$f(\boldsymbol{z}_k) = \sum_{l=1}^{m} y_l \alpha_l K(\boldsymbol{x}_l, \boldsymbol{z}_k) + b = \sum_{j \in \mathcal{SV}} y_j \alpha_j K(\boldsymbol{x}_j, \boldsymbol{z}_k) + b \quad (4\text{-}1)$$

其中 $\boldsymbol{z}_k$ 表示一个测试样本，而整个测试数据集表示为 $\{\boldsymbol{z}_k\}_{k=1}^{\phi}$；$\alpha_l$ 表示拉格朗日乘子；b 表示截距；$\mathcal{SV}$ 表示所有的支持向量在训练数据集中索引的集合。此外，α_l 只在支持向量处非零，即 $\forall j \in \mathcal{SV}$，$\alpha_j > 0$。最后，当 $f(\boldsymbol{z}_k) \geq 0$ 时，$\boldsymbol{z}_k$ 的标签将被预测为 1；否则，被预测为 -1。

4.2.2　密码学背景知识

本小节首先给出素数阶双线性群的定义，然后介绍相关的难解性问题/假设，最后介绍 BGN（Boneh-Goh-Nissim）部分同态加密算法的改进版。

定义 4.1（素数阶双线性群）　3 个乘法循环群 $\mathbb{G}_1$、$\mathbb{G}_2$、

$\mathbb{G}_T$ 的阶为素数 q。g 为 $\mathbb{G}_1$ 的生成元，h 为 $\mathbb{G}_2$ 的生成元。一个非对称的双线性映射 $\hat{e}$：$\mathbb{G}_1 \times \mathbb{G}_2 \rightarrow \mathbb{G}_T$ 需要满足以下性质。

- **双线性**：$\forall X, Y \in \mathbb{G}_1$，$\forall Z \in \mathbb{G}_2$，$\forall a, b \in \mathbb{Z}_q^*$

$$\hat{e}(X^a, Z^b) = \hat{e}(X, Z)^{ab}$$

$$\hat{e}(X, Z)\hat{e}(X, Z) = \hat{e}(XY, Z)。$$

- **非退化性**：$\hat{e}(g, h) \neq 1_{\mathbb{G}_T}$。

- **可计算性**：给定 $X \in \mathbb{G}_1$，$Z \in \mathbb{G}_2$，存在高效计算 $\hat{e}(X, Z)$ 的算法。

如果存在 $\mathbb{G}_T$ 和 $\hat{e}$，则 $\mathbb{G}_1$、$\mathbb{G}_2$ 被称为双线性群。

定义 4.2（离散对数问题（Discrete Logarithm Problem，DLP）[116]） 给定 $X, Y \in \mathbb{G}_1$，找到 a 使得 $Y = X^a$ 是计算不可行的。

定义 4.3（SXDH（Symmetric External Diffie-Hellman）假设[117]） 给定 g，g^a，g^b，$g^c \in \mathbb{G}_1$，其中 $a, b, c \in \mathbb{Z}_q^*$ 未知，判断 $c \equiv ab \bmod q$ 是计算不可行的。上述内容等价于，判断 (g^b, g^c) 是否在由 (g, g^a) 生成的 $\mathbb{G}_1^2$ 的子群中是计算不可行的。

定义 4.4（ℓ-SDH（ℓ-Strong Diffie-Hellman）假设[118]） 给定一个 $(\ell + 3)$ 大小的元组 $(g, g^\lambda, \cdots, g^{\lambda^\ell}, h, h^\lambda) \in \mathbb{G}_1^{\ell+1} \times \mathbb{G}_2^2$，其中 $\lambda \in_R \mathbb{Z}_q^*$，不存在概率多项式（Probabilistic Polynomial-Time，PPT）算法能够以不可忽略的概率输出 $(c, \hat{e}(g, h)^{1/(\lambda+c)}) \in \mathbb{Z}_q^* \setminus \{-\lambda\} \times \mathbb{G}_T$。

基于素数阶的双线性群和 SXDH 假设，Freeman 设计了 BGN 同态加密协议的改进版[117]。原始版本由 Boneh、Goh 和 Nissim[119] 提出。通过解除原始 BGN 协议中要求双线性群的合数阶难分解，改进的 BGN 协议中双线性群的阶是一个较小的素数。因此，在保证相同等级的安全性时，改进版中的群操作和双线性映射操作的运算速度更快，且密文的长度也更短；安全性越高，改进版的性能优势越大。下面介绍改进的 BGN 同态加密协议的 3 个模块，分别是密钥生成、加密和解密。

密钥生成模块 KeyGen(τ)：给定安全参数 $\tau \in \mathbb{Z}^+$，生成 $q>2^\tau$（素数）阶的双线性群 $\mathbb{G}_1$、$\mathbb{G}_2$，以及非对称映射 $\hat{e}: \mathbb{G}_1 \times \mathbb{G}_2 \to \mathbb{G}_T$。$g$ 为 $\mathbb{G}_1$ 的生成元，h 为 $\mathbb{G}_2$ 的生成元。定义直积群 $\boldsymbol{G}=\mathbb{G}_1^2$ 和其随机的线性子群 $\boldsymbol{G}_1 \subset \boldsymbol{G}$。$\boldsymbol{G}_1$ 的生成元是 (g, g^s)，其中 s 从 $\mathbb{Z}_q^*$ 中随机选取。此外，从 $\boldsymbol{G}$ 中随机选取 (g_1, g_2)。公钥为 $\mathcal{PK} = \{q, \mathbb{G}_1, \mathbb{G}_2, \mathbb{G}_T, h, (g, g^s), (g_1, g_2)\}$，私钥为 $\mathcal{SK}=s$。

加密模块 Encrypt（$\mathcal{PK}, z$）：使用公钥 $\mathcal{PK}$ 对明文信息 z 进行加密。随机选取 $r \in \mathbb{Z}_q^*$，然后计算出密文

$$C=(g_1, g_2)^z (g, g^s)^r = (g_1^z g^r, g_2^z g^{sr}) \in \boldsymbol{G}$$

直观地说，加密过程首先用 $\boldsymbol{G}$ 中的元素 (g_1, g_2) 对明文 z 进行"编码"，其次用 $\boldsymbol{G}_1$ 中的随机元素 (g^r, g^{sr}) 进行"掩码"。

解密模块 Decrypt($C, \mathcal{SK}$)：$\boldsymbol{G}$ 中密文的解密是通过将

密文"投射"使之脱离掩码，然后取对数恢复出明文信息。对于 $(g_1, g_2) \in G$，投射函数定义为

$$\pi((g_1, g_2)) = (g_1)^s (g_2)^{-1} = g_1^s g_2^{-1}$$

其中 s 是私钥。因此，投射密文 C 可得

$$\pi(C) = \pi((g_1^z g^r, g_2^z g^{sr})) = (g_1^z g^r)^s (g_2^z g^{sr})^{-1}$$

$$= (g_1^s g_2^{-1})^z = \pi((g_1, g_2))^z$$

以 $\pi((g_1, g_2))$ 为底数对 $\pi(C)$ 取对数即可恢复出明文 z。此外，为了能在常数时间内进行解密，可以预先计算出一个多项式大小的表用于存储 $\pi(g_1, g_2)$ 的幂。值得注意的是，在不知道私钥 s 的情况下，任何攻击者都无法构建投射函数，因此也无法进行解密。

下面介绍改进的 BGN 协议所支持的一些实用高效的同态性质，分别是同态乘常数、同态加法和同态加常数。具体地说，给定一个整型常量 d，两个明文信息 z_1、z_2 和对应的两个密文

$$C_1 = (g_1^{z_1} g^{r_1}, g_2^{z_1} g^{sr_1}) \in G, C_2 = (g_1^{z_2} g^{r_2}, g_2^{z_2} g^{sr_2}) \in G$$

可得

- **同态乘常数**：

$$(C_1)^d = (g_1^{z_1} g^{r_1}, g_2^{z_1} g^{sr_1})^d = (g_1^{dz_1} g^{dr_1}, g_2^{dz_1} g^{sdr_1})$$

即 dz_1 的密文。

- **同态加**：

$$C_1 C_2 = (g_1^{z_1} g^{r_1}, g_2^{z_1} g^{sr_1})(g_1^{z_2} g^{r_2}, g_2^{z_2} g^{sr_2})$$

$$= (g_1^{z_1} g^{r_1} g_1^{z_2} g^{r_2}, g_2^{z_1} g^{sr_1} g_2^{z_2} g^{sr_2})$$

$$= (g_1^{z_1+z_2} g^{r_1+r_2}, g_2^{z_1+z_2} g^{s(r_1+r_2)})$$

即 z_1+z_2 的密文。

- **同态加常数：**

$$C_1(g_1,g_2)^d = (g_1^{z_1} g^{r_1}, g_2^{z_1} g^{sr_1})(g_1^d, g_2^d)$$

$$= (g_1^{z_1+d} g^{r_1}, g_2^{z_1+d} g^{sr_1})$$

即 z_1+d 的密文。

4.3　问题建模

本节首先描述系统模型，然后定义安全模型。

4.3.1　系统模型

1.3 节已经介绍了模型推理服务的主要流程和参与方，包括训练数据的提供者、拥有模型的服务提供商，以及以测试数据为输入查询模型的用户。出于追溯和认证的目的，本章还引入了第三方服务侧的模型管理者。服务提供商需要将自己的模型向模型管理者注册。模型管理者记录来自不同服务提供商当前和历史不同版本的模型参数。此外，模型管理者还负责初始化系统参数，并在有需要的情况下在电子公告栏⊖上发布所需的系统参数。为了防止模型管理者成为系统

　⊖　电子公告栏本质上是一个具有可信存储资源的公开信道，例如 Park 等人[120] 设计了基于区块链的分布式电子公告栏。

的短板，可以引入多个具有相同功能和数据库的模型管理者作为备份。

接下来面向机器学习模型推理底层的多项式算子，介绍 MVP 底层安全协议的流程。

定义 4.5 针对多项式函数 f，x 表示 f 的系数向量且来自服务提供商，z 表示 f 的输入向量且来自用户，一个隐私可保护的验证协议由以下 6 个概率多项式时间的算法模块构成。

密钥生成模块（PK，SK）←KeyGen(τ，f）：该模块以系统安全参数 τ 和函数 f 为输入，输出系统公私钥对（PK，SK）。该模块由模型管理者在系统初始化的时候执行且只执行一次。

设置模块 FK(f)←Setup(PK，f)：该模块由模型管理者运行，以公钥 PK 和函数 f 为输入，生成函数公钥 FK(f)。

加密模块 C←Encrypt(PK，z)：该模块由用户运行，以公钥 PK 和输入向量 z 为输入，输出密文集合 C。

秘密可信计算模块（V，σ）←Compute(PK，f，C)：该模块由服务提供商运行，以公钥 PK、函数 f 和密文集合 C 为输入，输出计算结果的密文 V（如果计算正确则是 $f(z)$ 的密文）和可检查结果正确性的验证器 σ。

解密模块 v←Decrypt(SK，V)：该模块由模型管理者运行，以私钥 SK 和计算结果的密文 V 为输入，输出明文结果 v，并返回给用户。

验证模块 $\{0, 1\}$←**Verify(PK, FK(f), z, v, σ)**：该模块由模型管理者运行，以公钥 PK、函数公钥 FK(f)、输入向量 z、计算结果 v 和验证器 σ 为输入，如果结果通过验证，则输出 1；否则输出 0。

4.3.2　安全需求与攻击模型

本小节介绍可验证性和隐私保护需求，并定义基于模拟的（simulation-based）攻击模型。

4.3.2.1　可验证性和隐私保护需求

首先，在遵循传统可验证计算相关准则的基础上，定义模型推理服务场景中的结果可验证性如下：

定义 4.6（结果可验证性（非正式））　可验证的模型推理协议需要满足：

- **正确性**：当服务提供商诚实地执行了推理算法，用户作为验证者不能拒绝一个正确的验证器。

- **不可伪造性**：在用户选择某个测试样本的情况下，服务提供商作为攻击者无法以不可忽略的概率伪造有效的验证器，使得用户接收一个错误的结果。

其次，性能调优的模型对于服务提供商来说具有很大的商业价值，用户需要付费使用模型。然而，一些贪婪的用户和外部攻击者（例如商业竞争对手）企图获得模型参数以免费使用或者获利。因此，关键的模型参数需要对用户和外部攻击者隐匿，称为"函数隐私"[⊖]。此外，服务提供商企图从用户私有的测试数据中提取敏感信息。本章用"输入隐私"[⊖]来表示对服务提供商隐匿用户测试数据的需求。

最后，本章最初假设模型管理者是可信的，例如，这一角色可由信誉度高的公司或机构来担任，并被监管侧密切监管以保证良好的透明性。特别指出，微软 Azure、谷歌人工智能平台和亚马逊机器学习平台已经推出了模型管理服务。当然，本章的设计需要支持分布式地实现模型管理者的功能，从而实现分散式信任。后续的安全分析部分将深入讨论模型管理者可信任的假设。

4.3.2.2 攻击模型

面向上述的安全需求和定义 4.5 中的 MVP 底层安全协议，下面正式定义攻击模型。首先介绍基于模拟的定义/证明中的一个常见概念，称为计算不可区分性（computational indistinguishability）。

定义 4.7（计算不可区分性） 两个概率总体 X、Y 是两个随机变量的有限长度序列。如果对于任意非均匀的多项式时间算法 $\mathcal{D}$（可直观地称作"判别器"），对于任意从 X 或

⊖ "函数隐私"在通用计算场景中指保护函数的关键参数，而在特殊的模型推理场景中指"模型机密性"。
⊖ "输入隐私"在通用计算场景中指保护函数的输入，而在特殊的模型推理场景中指"测试数据的隐私"。

Y 中均匀随机采样出的元素 x，$\mathcal{D}$ 确定 x 来自 X 或来自 Y 的概率可忽略，则 X 和 Y 被称为计算不可区分，记作 $X \stackrel{c}{\equiv} Y$。

接下来正式定义结果可验证性、函数隐私和输入隐私。

定义4.8（结果可验证性） 正确性要求，对于任意的 $\boldsymbol{z}$，如果 $(V, \sigma) \leftarrow \text{Compute}(\text{PK}, f, C)$ 以及 $V \leftarrow \text{Encrypt}(\text{PK}, f(\boldsymbol{z}))$，则 $1 \leftarrow \text{Verify}(\text{PK}, \text{FK}(f), \boldsymbol{z}, v, \sigma)$。

不可伪造性要求，不存在概率多项式时间的敌手 $\mathcal{A}$ 能够以不可忽略的概率在下面与模拟者 $\mathcal{S}$ 的博弈中获胜。①**初始化**：$\mathcal{A}$ 选择一个随机的输入向量 $\boldsymbol{z}$。$\mathcal{S}$ 运行密钥生成模块 Key-Gen，将公钥 PK 给 $\mathcal{A}$，并保留私钥 SK。②**设置**：$\mathcal{A}$ 指定多项式函数 f，向设置模块 Setup 发起预言查询（oracle query）。$\mathcal{S}$ 返回函数公钥 FK(f)。③**伪造**：$\mathcal{A}$ 伪造关于输入向量 $\boldsymbol{z}$ 的输出，包括伪造 f 在 $\boldsymbol{z}$ 处的结果 v' 和结果正确性的验证器 σ'。如果伪造的输出能通过验证模块 Verify 但 $v' \neq f(\boldsymbol{z})$，即 $1 \leftarrow \text{Verify}(\text{PK}, \text{FK}(f), \boldsymbol{z}, v', \sigma')$ 且 $v' \neq f(\boldsymbol{z})$，则 $\mathcal{A}$ 获得博弈的胜利。

定义4.9（函数隐私） $\mathcal{V}_C$ 表示用户在协议执行过程中的视图。$\mathcal{V}_C$ 主要包括用户的输入向量 $\boldsymbol{z}$ 以及返回给用户的输出，包括计算结果 v 和验证器 σ。函数隐私要求存在多项式时间的模拟器 $\mathcal{S}_C$ 使得 $\mathcal{S}_C(\boldsymbol{z}, v) \stackrel{c}{\equiv} \mathcal{V}_C$。换句话说，从 $\mathcal{V}_C$ 中无法得知或推断出系数向量 $\boldsymbol{x}$。

定义4.10（输入隐私） $\mathcal{V}_S$ 表示服务提供商在协议执行过程中的视图。输入隐私要求存在多项式时间的模拟器 $\mathcal{S}_S$

使得 $\mathcal{S}_s(\boldsymbol{x}) \stackrel{c}{\cong} \mathcal{V}_s$。换句话说，从 $\mathcal{V}_s$ 中无法得知或推断出输入向量 $\boldsymbol{z}$。

直观地讲，函数隐私和输入隐私要求在协议执行完成后，用户知道它的输入向量 $\boldsymbol{z}$ 和返回的结果 $\boldsymbol{v}$，而不知道函数 f 的系数向量 $\boldsymbol{x}$；服务提供商只知道它的系数向量 $\boldsymbol{x}$，但不知道用户的输入向量 $\boldsymbol{z}$，甚至不知道返回给用户的结果 $\boldsymbol{v}$。

4.4 设计原理

本节阐述 MVP 协议的设计思路。整体采用自底向上的架构。4.5 节首先考虑常见机器学习算法底层的两个多元多项式算子，即点积和平方欧氏距离，并设计满足隐私保护和可验证性的底层协议。4.6 节随后应用并升级底层的算子协议以支持实际的模型推理。图 4-2 以平方欧氏距离为例展示了底层安全算子协议的设计原理。

要使得用户能够验证多项式计算结果的正确性同时保证函数隐私，一种朴素的方法是，服务提供商使用同态加密对多项式 f 的系数向量 $\boldsymbol{x}$ 进行加密，然后让用户以自己的输入向量 $\boldsymbol{z}$ 作为输入在本地重新计算。虽然这种朴素的方法同时保证了函数隐私、输入隐私和结果可验证性，但主要的计算落在了弱节点侧，即用户侧，这违背了外包计算的原则。验证协议的设计转向利用多项式分解的性质。

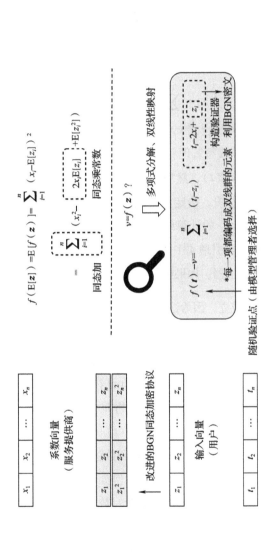

图 4-2　底层安全算子协议的设计原理（以平方欧氏距离为例）

注：虚线上方为服务提供商侧的秘密计算，下方为用户侧的结果验证，其中验证器由服务提供商构造。

引理 4.1（多项式分解） $f(u)$ 表示在整数域 $\mathbb{Z}$ 中的 n 元多项式，其中输入变量 $u = (u_1, u_2, \cdots, u_n) \in \mathbb{Z}^n$。对于任意具体的输入 $z \in \mathbb{Z}^n$，存在多项式 $w_i(u)$ 使得

$$f(u) - f(z) = \sum_{i=1}^{n} (u_i - z_i) w_i(u) \qquad (4\text{-}2)$$

此外，存在高效的算法得到 $w_i(u)$。

基于引理 4.1，模型管理者首先挑选一个随机的验证点 t（即变量 u 当前的取值 t），然后生成针对 $f(t)$ 的函数公钥。在秘密可信的计算阶段，给定用户的输入向量 z，当服务提供商想证明 v 是 $f(z)$ 的计算结果时，服务提供商需要计算出多项式 $w_i(t)$ 使得引理 4.1 成立。$w_i(t)$ 将被用来构造检查结果正确性的验证器。如果结果 v 是正确的，则 $f(t) - v = \sum_{i=1}^{n} (t_i - z_i) w_i(t)$ 成立，因为这等价式(4-2)对验证点 t 进行了计算。值得注意的是，在实际的协议设计中，考虑到验证点 t 的机密性和函数隐私，公式中的所有项都被编码到双线性群元素的指数上，而双线性映射操作允许在指数上进行一次乘法操作。此外，为了协助服务提供商将 $w_i(t)$ 提到指数上，公钥中需要加入一些辅助元素。鉴于 $w_i(t)$ 一般涉及系数 x_i，直接将 $w_i(t)$ 编码到指数上依然会泄露函数隐私。因此，服务提供商需要进行一些额外的掩码操作，例如引入随机整数用于偏移和缩放，并将安全性归约到离散对数问题的难解性。

其次，输入隐私对实现上述的验证方案制造了障碍。具体来说，$w_i(t)$ 可能也涉及输入向量 z，例如图 4-2 中面向平

方欧氏距离的计算。换句话说，服务提供商需要在不知道 z
内容的情况下，将其编码到双线性群元素的指数上。同时，
服务提供商还需要在不知道 z 的情况下，计算点积和平方欧
氏距离。为了解决上述两个问题，MVP 采用了改进的 BGN
部分同态加密协议。一方面，BGN 密文本质上是明文在指数
上的编码，可以很便捷地被用于生成结果验证器。另一方
面，BGN 的同态性质支持在密文上高效地进行点积和平方欧
氏距离这两种多元多项式计算。具体来说，由于服务提供商
知道自己系数向量的明文，因此可以在输入向量的密文上采
用轻量化的同态乘常数操作，规避密文间昂贵的同态乘操
作。进一步地说，当支持秘密模型推理时，服务提供商知道
自己模型参数的明文，因此在测试数据的密文上进行轻量化
的同态乘常数操作依然适用。

　　最后，为了削减验证大规模测试数据集推理结果的计算和
通信开销，MVP 利用双线性实现批量验证以及验证器的聚合。
如图 4-3 所示，性能优化背后的机理是，当验证单个测试样本
的结果时，输入向量（即测试样本）保持不变；当验证多个测
试样本的结果时，系数向量（例如支持向量机中的支持向量）
保持不变。因此，通过双线性可以分别实现系数向量（例如支
持向量）与输入向量（即测试样本）相关验证器的聚合和批
量验证。值得注意的是，在所有机器学习模型的推理阶段，
模型参数（例如神经网络中的权重和偏置）都保持不变，因此
本章提出的基于双线性的聚合批量验证协议具有普适性。

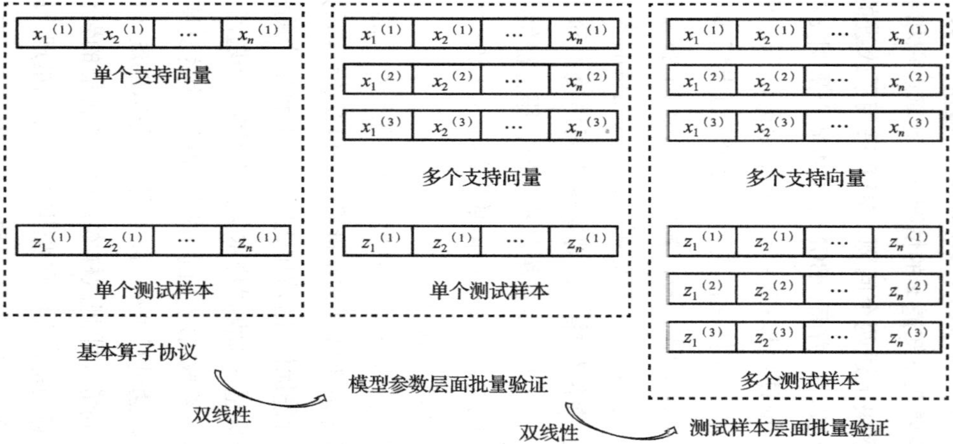

图 4-3 推理结果批量验证协议的设计原理（以基于径向基核函数的支持向量机为例）

4.5 底层理论协议设计

本节展示 MVP 的底层安全协议，分别是隐私可保护的点积和平方欧氏距离计算验证协议。值得注意的是，点积是大多数机器学习算法（从用于回归和分类任务的线性模型到神经网络）的底层算子；欧氏距离在正则化相关的场景中也被称为"L_2 范数"，是一种重要的距离衡量尺度，并被广泛地应用于聚类和分类任务，例如 k-均值聚类、学习向量量化、基于径向基核函数的支持向量机等。

4.5.1 面向点积的设计

首先考虑系数向量 $\boldsymbol{x}$ 和输入向量 $\boldsymbol{z}$ 之间的点积，即

$$f(\boldsymbol{z}) = \boldsymbol{x}^{\mathrm{T}}\boldsymbol{z} = \sum_{i=1}^{n} x_i z_i \text{。}$$

密钥生成模块（PK，SK）←KeyGen（τ, f）：模型管理者首先初始化改进的 BGN 同态加密协议的参数。然后，模型管理者选择一个随机的验证点 $\boldsymbol{t} = (t_1, t_2, \cdots, t_n)$，其中 $t_i \in \mathbb{Z}_q^*$，并生成验证器辅助参数集合

$$W = \left\{ \{g_1^{t_i}, h^{t_i} \mid i \in [n]\}, g_1^{\sum_{i=1}^{n} t_i^2} \right\} \tag{4-3}$$

公钥 $\mathrm{PK} = \{q, \mathbb{G}_1, \mathbb{G}_2, \mathbb{G}_T, h, (g, g^s), (g_1, g_2), W\}$ 被发布在电子公告栏上。系统私钥 SK 由模型管理者保管，

其中包含用于 BGN 解密的私钥 s 以及验证点 t。为了与改进的 BGN 协议在符号表达上保持一致，本章主要使用 g_1 作为底数。

设置模块 $\mathbf{FK}(f)\leftarrow\mathbf{Setup}(\mathbf{PK},f)$：通过使用公钥 PK 中的验证器辅助参数集 W，模型管理者生成函数公钥如下：

$$\mathrm{FK}(f)=\prod_{i=1}^{n}\left(g_1^{t_i}\right)^{x_i}=g_1^{\sum_{i=1}^{n}x_it_i}=g_1^{\boldsymbol{x}^{\mathrm{T}}\boldsymbol{t}}=g_1^{f(\boldsymbol{t})} \tag{4-4}$$

加密模块 $C\leftarrow\mathbf{Encrypt}(\mathbf{PK},\boldsymbol{z})$：为了实现针对服务提供商的输入隐私，用户挑选 n 个随机数 $\{r_i\in\mathbb{Z}_q^{*}\mid i\in[n]\}$，然后利用改进的 BGN 协议加密其输入向量 $\boldsymbol{z}$，生成的密文集合如下：

$$C=\{(g_1^{z_i}g^{r_i},g_2^{z_i}g^{sr_i})\in G\mid i\in[n]\} \tag{4-5}$$

秘密可信计算模块 $(V,\sigma)\leftarrow\mathbf{Compute}(\mathbf{PK},f,C)$：为了在密文集 C 上计算 $f(\boldsymbol{z})$，服务提供商首先使用同态乘常数，然后使用同态加，并得到结果的密文。秘密计算的过程如下：

$$V=\prod_{i=1}^{n}(g_1^{z_i}g^{r_i},g_2^{z_i}g^{sr_i})^{x_i}=\prod_{i=1}^{n}(g_1^{x_iz_i}g^{x_ir_i},g_2^{x_iz_i}g^{sx_ir_i})$$

$$=\left(g_1^{\sum_{i=1}^{n}x_iz_i}g^{\sum_{i=1}^{n}x_ir_i},g_2^{\sum_{i=1}^{n}x_iz_i}g^{s\sum_{i=1}^{n}x_ir_i}\right) \tag{4-6}$$

$$=\left(g_1^{f(\boldsymbol{z})}g^{\sum_{i=1}^{n}x_ir_i},g_2^{f(\boldsymbol{z})}g^{s\sum_{i=1}^{n}x_ir_i}\right)\in G$$

如果服务提供商计算正确，V 应该是用随机数 $\sum_{i=1}^{n}x_ir_i$ 加密

$f(\boldsymbol{z})$ 生成的密文。

其次，为了辅助结果验证，基于多项式分解（引理 4.1），服务提供商需要找到 $w_1(\boldsymbol{t})$，$w_2(\boldsymbol{t})$，$\cdots$，$w_n(\boldsymbol{t})$，使得 $f(\boldsymbol{t}) - f(\boldsymbol{z})$ 能表示为 $\sum\limits_{i=1}^{n}(t_i - z_i)w_i(\boldsymbol{t})$。在点积中可以观察到 $\forall i \in [n]$，$w_i(\boldsymbol{t}) = x_i$。此外，为了保护函数隐私，即保护每个系数 x_i，服务提供商需要进行一些掩码操作。服务提供商首先选择随机数 $d \in \mathbb{Z}_q^*$ 并生成 $\sigma_0 = h^d \in \mathbb{G}_2$。然后，服务提供商生成结果验证器 $\sigma = (\sigma_1, \sigma_2, \cdots, \sigma_n)$，其中

$$\sigma_i = g_1^{dx_i}(g_1^{t_i})^d = (g_1^{x_i+t_i})^d = (g_1^{w_i(\boldsymbol{t})+t_i})^d \qquad (4\text{-}7)$$

值得注意的是，$g_1^{t_i}$ 来自验证器辅助参数集 W，其作用是产生偏移；而随机数 d 的作用则是进行缩放。此外，σ_0 由服务提供商保管，其作用是在后续的结果验证中抵消验证器 σ 中的缩放因子 d。

最后，服务提供商将结果的密文 V 发送给模型管理者进行解密，并将验证器 σ 发送给用户用于结果验证。

解密模块 $v \leftarrow \mathbf{Decrypt}(\mathbf{SK}, V)$： 模型管理者用私钥 s 投射结果的密文 V 可得

$$\pi(V) = \left(g_1^{f(\boldsymbol{z})}g^{\sum\limits_{i=1}^{n}x_it_i}\right)^s\left(g_2^{f(\boldsymbol{z})}g^{s\sum\limits_{i=1}^{n}x_it_i}\right)^{-1}$$

$$= (g_1^s g_2^{-1})^{f(\boldsymbol{z})} = \pi((g_1, g_2))^{f(\boldsymbol{z})}$$

鉴于 f 的值域有限，模型管理者以 $\pi((g_1, g_2))$ 为底数对 $\pi(V)$ 取对数，即可恢复出结果的明文 v。在解密后，模型

管理者将计算结果 v 发送给用户。

验证模块 $\{0,1\} \leftarrow \mathbf{Verify}(\mathbf{PK}, \mathbf{FK}(f), z, v, \sigma)$：为了验证 v 是否等于函数 f 在输入向量 z 处的结果，用户首先使用验证器辅助参数集 W 生成一个辅助项

$$H(f) = g_1^{\sum_{i=1}^{n} t_i^2} \left(\prod_{i=1}^{n} \left(g_1^{t_i} \right)^{z_i} \right)^{-1} = g_1^{\sum_{i=1}^{n} t_i(t_i - z_i)} \qquad (4\text{-}8)$$

然后检查下面的公式是否成立：

$$\hat{e}\left(\mathbf{FK}(f) g_1^{-v} H(f), \sigma_0 \right) \overset{?}{=} \prod_{i=1}^{n} \hat{e}(\sigma_i, h^{t_i - z_i}) \qquad (4\text{-}9)$$

如果上述公式成立，则用户接受结果 v，验证通过；否则，验证失败。鉴于左式中的 σ_0 由服务提供商保管，因此服务提供商需要协助用户进行双线性群的映射操作，即 $\hat{e}(\cdot, \sigma_0)$。此外，函数公钥 $\mathbf{FK}(f)$ 等于 $g_1^{f(t)}$，而 h^{t_i} 包含在 W 中。通过使用双线性，左式中的辅助项 $H(f)$ 能够消去右式中验证器 σ_i 引入的偏移项 $g_1^{t_i}$。

4.5.2 面向平方欧氏距离的设计

接下来考虑系数向量 x 与输入向量 z 间的平方欧氏距离计算，即 $f(z) = \| x - z \|_2^2 = \sum_{i=1}^{n} (x_i - z_i)^2$。

密钥生成模块 $(\mathbf{PK}, \mathbf{SK}) \leftarrow \mathbf{KeyGen}(\tau, f)$：密钥初始化与面向点积设计中的相关步骤基本相同。不同点在于验证器辅助参数集

$$W = \left\{ g^{t_i}, g_1^{t_i}, g_1^{t_i^2}, h^{t_i} \mid i \in [n] \right\} \tag{4-10}$$

其中，引入 g^{t_i} 是为了支持验证辅助项的生成，引入 $g_1^{t_i^2}$ 是为了支持函数公钥的生成。

设置模块 FK(f)←Setup(PK, f)：模型管理者使用验证器辅助参数集 W 计算出函数公钥如下：

$$\text{FK}(f) = \prod_{i=1}^{n} \left(g_1^{x_i^2} (g_1^{t_i})^{-2x_i} g_1^{t_i^2} \right) = g_1^{\sum_{i=1}^{n} (x_i - t_i)^2} = g_1^{\|x - t\|_2^2} = g_1^{f(t)} \tag{4-11}$$

加密模块 C←Encrypt(PK, z)：为了支持平方欧氏距离的计算，同时保护输入隐私，用户首先挑选 $2n$ 个随机数 $\{r_i^1, r_i^2 \in \mathbb{Z}_q^* \mid i \in [n]\}$，然后计算出 $C = \{C_i^1, C_i^2 \mid i \in [n]\}$ 作为密文集合，其中

$$C_i^1 = (g_1^{z_i} g^{r_i^1}, g_2^{z_i} g^{sr_i^1}) \in G, C_i^2 = (g_1^{z_i^2} g^{r_i^2}, g_2^{z_i^2} g^{sr_i^2}) \in G \tag{4-12}$$

分别是以随机数 r_i^1、r_i^2 对 z_i、z_i^2 进行 BGN 同态加密生成的密文。

与密文计算产生较大的开销相比，明文计算非常高效。因此，除了让用户加密原始数据，MVP 还让用户加密了原始数据的平方值。这样的做法可以规避服务提供商使用昂贵的同态乘操作，同时只在用户侧产生较小的加密开销。

秘密可信计算模块 (V, σ)←Compute(PK, f, C)：服务提供商可以利用同态性质秘密计算 $f(z)$。服务提供商首先计算

$$\forall i \in [n], V_i = (g_1, g_2)^{x_i^2} \left(g_1^{z_i} g^{r_i^1}, g_2^{z_i} g^{sr_i^1} \right)^{-2x_i} \left(g_1^{z_i^2} g^{r_i^2}, g_2^{z_i^2} g^{sr_i^2} \right)$$

$$= \left(g_1^{(x_i - z_i)^2} g^{-2x_i r_i^1 + r_i^2}, g_2^{(x_i - z_i)^2} g^{s(-2x_i r_i^1 + r_i^2)} \right)$$

然后，服务提供商对所有的 V_i 进行同态加，可得

$$V = \prod_{i=1}^{n} V_i = \prod_{i=1}^{n} \left(g_1^{(x_i - z_i)^2} g^{\bar{r}_i}, g_2^{(x_i - z_i)^2} g^{s\bar{r}_i} \right)$$

$$= \left(g_1^{\sum_{i=1}^{n}(x_i - z_i)^2} g^{\sum_{i=1}^{n} \bar{r}_i}, g_2^{\sum_{i=1}^{n}(x_i - z_i)^2} g^{s\sum_{i=1}^{n} \bar{r}_i} \right) \qquad (4\text{-}13)$$

$$= \left(g_1^{f(z)} g^{\sum_{i=1}^{n} \bar{r}_i}, g_2^{f(z)} g^{s\sum_{i=1}^{n} \bar{r}_i} \right) \in G$$

其中 $\bar{r}_i$ 表示 $-2x_i r_i^1 + r_i^2$。如果计算正确，V 应该是以随机数 $\sum_{i=1}^{n} \bar{r}_i = \sum_{i=1}^{n} (-2x_i r_i^1 + r_i^2)$ 对 $f(z)$ 进行 BGN 同态加密生成的密文。

其次，为了协助用户验证计算结果的正确性，服务提供商先计算出使引理 4.1 成立的 $w_1(t)$，$w_2(t)$，$\cdots$，$w_n(t)$。在平方欧氏距离计算中，$w_i(t) = t_i - 2x_i + z_i$。与点积中 $w_i(t)$ 只包含服务提供商所知道的系数 x_i 不同，平方欧氏距离计算中的 $w_i(t)$ 还含有 t_i 与 z_i，而这两项都对服务提供商保密。尽管 $g_1^{t_i}$ 可以直接从验证器辅助参数集 W 中获得，但将 $w_i(t)$ 编码到双线性群元素的指数上仍颇具挑战。为了处理 z_i，服务提供商将 z_i 的 BGN 密文的第一部分，即 $g_1^{z_i} g^{r_i^1}$，嵌入验证器中。随后，基于 W 中的 g^{t_i}，用户在知道自己的输入 z_i 和对

应的随机数 r_i^1 的情况下，可以消去验证公式中涉及 $g^{r_i^1}$ 的项。此外，为了保护函数隐私，与面向点积的设计相同，服务提供商先选取随机数 $d \in \mathbb{Z}_q^*$ 并计算出 $\sigma_0 = h^d$，随后再生成验证器 $\sigma = (\sigma_1, \cdots, \sigma_n)$，其中

$$\sigma_i = (g_1^{t_i} g_1^{-2x_i} (g_1^{z_i} g^{r_i^1}))^d = (g_1^{w_i(t)} g^{r_i^1})^d \qquad (4\text{-}14)$$

解密模块 $v \leftarrow \mathbf{Decrypt}(\mathbf{SK}, V)$： 与面向点积设计中的步骤相同。

验证模块 $\{0, 1\} \leftarrow \mathbf{Verify}(\mathbf{PK}, \mathbf{FK}(f), z, v, \sigma_0, \sigma)$： 为了验证结果 v 的正确性，用户首先使用公钥 PK 中的 g 和 $\{g^{t_i} \mid i \in [n]\}$ 生成一个辅助项

$$H(f) = \left(g^{(\sum_{i=1}^{n} r_i^1 z_i)} \right)^{-1} \prod_{i=1}^{n} (g^{t_i})^{r_i^1} = g^{\sum_{i=1}^{n} r_i^1 (t_i - z_i)} \qquad (4\text{-}15)$$

然后检查下面的公式是否成立

$$\hat{e}(\mathbf{FK}(f) g_1^{-v} H(f), \sigma_0) \overset{?}{=} \prod_{i=1}^{n} \hat{e}(\sigma_i, h^{t_i - z_i}) \qquad (4\text{-}16)$$

其中左式中的辅助项 $H(f)$ 用来消去右式中验证器 σ_i 引入的 $g^{r_i^1}$。

4.5.3 复杂度分析

本小节分析面向点积和平方欧氏距离计算的底层安全协议的时间复杂度和通信复杂度。时间复杂度分析只关注最耗时的群操作，即双线性映射操作和指数运算。用 T_{pair} 和 T_{exp}

分别表示单次映射和指数运算的时间开销。对于两个底层协议，用户、服务提供商和模型管理者的时间复杂度分别是 $nT_{\text{pair}}+O(n)T_{\text{exp}}$、$1T_{\text{pair}}+O(n)T_{\text{exp}}$ 和 $O(n)T_{\text{exp}}$。它们的通信复杂度分别是 $O(n)$、$O(n)$ 和 $O(1)$。

4.5.4 安全分析

本小节从结果可验证性、函数隐私和输入隐私三个方面分析底层协议的安全性，并讨论对于模型管理者的分散式信任。

定理 4.1 根据定义 4.8，MVP 的底层安全协议从正确性和不可伪造性两个角度保证了结果的可验证性。

证明 此处只给出证明的思路，证明细节请参阅文献 [26]。首先，正确性证明需要论证结果验证公式的正确性，即面向点积的安全协议中的式（4-9）和面向平方欧氏距离的安全协议中的式（4-16）。两个公式是否成立可由多项式分解（引理 4.1）和双线性推导得出。其次，不可伪造性证明需要归约到定义 4.4 中的 ℓ-SDH 假设。核心的证明思路是，构造一个模拟器 $\mathcal{S}$，包含来自挑战者 $\mathcal{C}$ 给出的关于 ℓ-SDH 假设的实例，其中在面向点积的安全协议中，$\ell = 1$；在面向平方欧氏距离的安全协议中，$\ell = 2$。$\mathcal{S}$ 将这个 ℓ-SDH 实例嵌入验证模块 Verify 中，使得如果一个攻击者 $\mathcal{A}$ 能够以不可忽略的概率攻破 Verify，那 $\mathcal{S}$ 可以利用 $\mathcal{A}$ 同样以不可忽略的概率攻破 ℓ-SDH 的实例。这与 ℓ-SDH 假

设违背，不可伪造性得证。　　　　　　　　　　　　　　□

定理4.2　根据定义4.9，MVP 的底层安全协议保证了对用户和外部攻击者的函数隐私。

证明　保证函数隐私等价于保护系数向量 $\boldsymbol{x}$。此外，攻击者（例如用户）所获得关于 $\boldsymbol{x}$ 的信息包括验证器 $\boldsymbol{\sigma}$ 和计算结果 $\boldsymbol{v}$。下面证明这两部分都不会泄露 $\boldsymbol{x}$。

首先，攻击者无法从 $\boldsymbol{\sigma}$ 中得出 $\boldsymbol{x}$。下面分别针对安全点积协议和安全平方欧氏距离计算协议进行证明。在面向点积的安全协议中，验证器 $\sigma_i = (g_1^{x_i+t_i})^d$ 中的系数 x_i 被随机数 t_i 进行了偏移，并进一步地被另一个随机数 d 进行了缩放。正式的证明通过计算不可区分性给出。考虑计算不可区分性的两对对象如下：

$$\forall i \in [n], \sigma_i = (g_1^{x_i+t_i})^d \stackrel{c}{\equiv} X \in_R \mathbb{G}_1 \tag{4-17}$$

$$\forall i \neq i' \in [n], \sigma_i = (g_1^d)^{x_i+t_i} \stackrel{c}{\equiv} \sigma_{i'} = (g_1^d)^{x_{i'}+t_{i'}} \tag{4-18}$$

其中第一对表明，验证器中的每个元素与从循环群 $\mathbb{G}_1$ 中均匀随机采样的元素不可区分；第二对进一步表明，验证器中任意两个不同的元素不存在关联性。通过把 $g_1^{x_i+t_i}$ 和 g_1^d 看作 $\mathbb{G}_1$ 的生成元，第一对和第二对的不可区分性可以分别由 d 和 t_i 的随机性推导得出。此外，d 和 t_i 的机密性可归约到在 $\mathbb{G}_T$ 和 $\mathbb{G}_1$ 中离散对数问题的难解性，即

$$\hat{e}(\cdot,h), \hat{e}(\cdot,\sigma_0) = \hat{e}(\cdot,h)^d \in \mathbb{G}_T \Rightarrow d \tag{4-19}$$

$$g_1, g_1^{t_i} \in \mathbb{G}_1 \Rightarrow t_i \tag{4-20}$$

概率多项式时间敌手是计算不可行的，因此可得，每个系数 x_i 无法从验证器中对应的元素 σ_i 和其他元素中泄露，即验证器 σ 不泄露 x_i。在面向平方欧氏距离的安全协议中，首先将 g 重新表示为 $g_1^{s_1}$，其中 $s_1 \in \mathbb{Z}_q^*$，然后考虑计算不可区分的两对对象如下：

$$\forall i \in [n], \sigma_i = (g_1^{t_i - 2x_i + z_i} g^{r_i^1})^d \overset{c}{\equiv} X \in_R \mathbb{G}_1 \qquad (4\text{-}21)$$

$$\forall i \neq i' \in [n], \sigma_i = (g_1^d)^{t_i - 2x_i + z_i + s_1 r_i^1} \overset{c}{=} \sigma_{i'} = (g_1^d)^{t_{i'} - 2x_{i'} + z_{i'} + s_1 r_{i'}^1}$$

$$(4\text{-}22)$$

通过将 $g_1^{t_i - 2x_i + z_i} g^{r_i^1}$ 和 g_1^d 看作 $\mathbb{G}_1$ 的生成元，第一对和第二对的不可区分性可以分别由 d 和 t_i（或者 r_i^1）的随机性推导得出。此外，与针对点积的证明相同，d 和 t_i 的机密性可分别归约到 $\mathbb{G}_r$ 和 $\mathbb{G}_1$ 中离散对数问题的难解性。因此，验证器 σ 未泄露系数 x_i。

其次，尽管用户知道结果 $v = f(z)$ 和它的输入向量 z，但无法恢复出 x，因为在面向点积和平方欧氏距离的安全协议中，$f(z)$ 本质上是两个包含 n 个变量（即 $\{x_i | i \in [n]\}$）的不定方程，而用户只有一个等式。因此，当 $n>1$ 时，用户解出每个 x_i 是计算不可行的。在后续 MVP 顶层协议的安全分析中，本书将阐述当面对用户查询多个测试样本的推理结果时如何抵御这种基于方程求解的攻击。□

定理 4.3 根据定义 4.10，MVP 的底层安全协议保证了对服务提供商的输入隐私。

证明　输入向量 z 被改进的 BGN 协议进行了加密。该同态加密协议在 SXDH 假设下保证了语义安全（semantic security）。因此，服务提供商作为一个概率多项式时间敌手无法知道 z 的信息。此外，输入向量无法从结果 v 中泄露，因为在解密模块 Decrypt 执行完后，结果被返回给用户而非服务提供商。　　　　□

　　最后从模型管理者的功能角度讨论如何分散其信任。首先关于结果验证。模型管理者执行两个相关任务：① 在密钥生成模块 KeyGen 挑选随机的验证点 t；② 在设置模块 Setup 生成函数公钥 $FK(f)$。相对应地，假设对于模型管理者的信任包括两个方面：① 保管 t 且不能泄露给其他不相关的系统参与者；② 维护模型注册数据库且正确地生成函数公钥 $FK(f)$。值得注意的是，底层面向点积和平方欧氏距离的安全协议中的设置模块 Setup 都只需要公钥 PK 中的验证器辅助参数集 W，而无需私钥 SK 中的验证点 t。基于此观察，可以引入两个互不篡谋的模型管理者独立执行 KeyGen 和 Setup 这两个模块。这也是常用的分布式设置[121-122]。进一步地说，模型管理者的主要角色可以被替代。① 验证点 t 可以被一组用户协同地选取。例如，n 个用户分别选取 t 的每一维元素，并计算 W 中对应的参数，即第 i 个用户选取 t_i，并在面向点积和平方欧氏距离的底层安全协议中分别计算 $\{g_1^{t_i}, g_1^{t_i^2},$

$h^{t_i}\}$ 和 $\{g^{t_i},\ g_1^{t_i},\ g_1^{t_i^2},\ h^{t_i}\}$。鉴于保证 t 的机密性是为了保证用户侧的结果可验证性,因此让用户们自主协同地选取 t,它们没有动机将 t 泄露给其他人;②函数公钥 FK(f) 可以由服务提供商生成。此时,假设对于服务提供商的信任变为,在不知道验证点 t 的情况下,服务提供商正确地执行 Setup。一个等价的假设是,重新定义结果可验证性中的正确性为函数公钥 FK(f) 与计算结果 $f(z)$ 之间的一致性,其中前者是在 Setup 中且在验证点 t 处进行计算,而后者是在 Compute 中且在输入向量 z 处进行计算。特别指出,服务提供商既不知道 t 也不知道 z。其次关于模型管理者负责的解密模块。解密模块可以引入多个模型管理者协同进行解密。具体来说,借助于 Pedersen 提出的经典方案[123],私钥 s 可以被分成多份并由多个模型管理者掌管,且只有特定数量(不小于某个阈值)的模型管理者共同参与,才能恢复出私钥并解密密文。

4.6　顶层应用协议设计

本节使用底层面向点积和平方欧氏距离的协议来支持实际的机器学习算法,并提出 MVP 的顶层应用协议。首先重点介绍面向支持向量机的设计细节,然后简要阐述如何支持更多的机器学习算法。在符号表达上,i、j、k 分别用来是数据特征、支持向量和测试数据的索引。

4.6.1 面向支持向量机的设计

首先展示 MVP 顶层应用协议的两个部分，分别是秘密推理和结果验证。然后分析协议的复杂度和安全性。接下来主要关注支持向量机中的两种核函数，分别是多项式核函数 $K(x_j, z_k) = (\gamma x_j^T z_k + c)^p$ 和径向基核函数 $K(x_j, z_k) = \exp(-\gamma \| x_j - z_k \|_2^2)$，其中 γ、c 和 p 是核函数的超参数。此外，后续默认多项式核函数的次数 $p \geqslant 2$。事实上，当 $p = 1$ 时，多项式核函数将退化成线性核函数。基于线性核函数的支持向量机可以直接利用底层面向点积的安全协议，具体的细节请参阅文献 [26]。

4.6.1.1 秘密推理

秘密推理主要考虑服务提供商如何在不知道用户每个测试样本 z_k 的情况下，计算模型推理结果。本章假设在不影响最后分类结果的情况下，服务提供商和用户关于将浮点型转化成整数型的放缩和舍入方案已达成一致。此外，为了简化符号，用 $\Psi_j(z_k)$ 表示核函数 $K(x_j, z_k)$ 底层的算子，即对于多项式核函数，$\Psi_j(z_k) = x_j^T z_k$；对于径向基核函数，$\Psi_j(z_k) = \| x_j - z_k \|_2^2$。因此，基于多项式核函数和径向基核函数的支持向量机分别需要调用面向点积和平方欧氏距离

的底层安全协议。下面介绍秘密推理的设计细节。

当用户计划发起一次支持向量机的推理查询时，它首先调用底层安全协议中的加密模块 Encrypt 对测试样本 z_k 进行加密。考虑到分类器 $f(z_k)$ 中的高次多项式和指数函数，服务提供商将逐步地进行计算。

首先，服务提供商调用秘密可信计算模块 Compute，针对所有的支持向量计算核函数底层的算子，即 $\{\Psi_j(z_k) \mid j \in \mathcal{SV}\}$。随后，服务提供商将中间结果的密文 $\{V_j^{(k)} \mid j \in \mathcal{SV}\}$ 发送给模型管理者。为了辅助后续的计算，模型管理者调用解密模块 Decrypt 解密 $\{V_j^{(k)} \mid j \in \mathcal{SV}\}$，并将中间结果的明文 $\{v_j^{(k)} \mid j \in \mathcal{SV}\}$ 发送给用户。基于这些中间结果，用户可以计算完整的核函数，即在多项式核函数中的 $\{\bar{v}_j^{(k)} = (\gamma v_j^{(k)} + c)^p \mid j \in \mathcal{SV}\}$ 与在径向基核函数中的 $\{\bar{v}_j^{(k)} = \exp(-\gamma v_j^{(k)}) \mid j \in \mathcal{SV}\}$。此时，支持向量机的分类器可表示为

$$f(z_k) = \sum_{j \in \mathcal{SV}} y_j \alpha_j \bar{v}_j^{(k)} + b \qquad (4\text{-}23)$$

服务提供商还需要将对偶系数 $\{\alpha_j y_j \mid j \in \mathcal{SV}\}$ 和截距 b 发送给用户。给定这些信息后，用户可以得到最终的结果 $f(z_k)$。

除了支持向量之外，如果服务提供商还打算保护对偶系数和截距，可以调用面向点积的底层协议。具体而言，式(4-23)中 $(y_j \alpha_j \mid j \in \mathcal{SV}, b)$ 和 $(\bar{v}_j^{(k)} \mid j \in \mathcal{SV}, 1)$ 分别作为系数向量和输入向量。本设计与面向线性核函数的设计相类似，细节请参阅文献 [26]。

4.6.1.2　结果验证

　　结果验证主要考虑用户如何验证服务提供商返回结果的正确性。具体地说，用户需要检查是否每个中间结果 $v_j^{(k)}$ 都由支持向量 x_j 和测试数据 z_k 得出，即 $\forall k \in [\phi]$，$\forall j \in \mathcal{SV}$，$v_j^{(k)} = \Psi_j(z_k)$ 是否成立。下面分别介绍针对多项式核函数和径向基核函数的单个结果验证协议和批量结果验证协议。为了简化符号，如果某一项独立于测试数据 z_k，将省略该项右上角的"(k)"；否则保留该右上标。

　　多项式核函数：首先考虑单个测试样本 z_k。为了检查 $\{v_j^{(k)} \mid j \in \mathcal{SV}\}$ 的正确性，一个简单直接的方法是让用户调用面向点积的底层安全协议中的验证模块 Verify，并调用 $|\mathcal{SV}|$ 次，其中 z_k 作为输入向量，$\{x_j \mid j \in \mathcal{SV}\}$ 作为 $|\mathcal{SV}|$ 个不同的系数向量。具体而言，单个中间结果验证的公式如下：

$$\forall j \in \mathcal{SV}, \hat{e}(\text{FK}(\Psi_j)g_1^{-v_j^{(k)}}H(\Psi_j^{(k)}), \sigma_0)$$
$$\overset{?}{=} \prod_{i=1}^n \hat{e}(\sigma_i^{(j)}, h^{t_i - z_i^{(k)}}) \tag{4-24}$$

其中函数公钥 $\text{FK}(\Psi_j)$、验证器 $\sigma_i^{(j)}$ 和辅助值 $H(\Psi_j^{(k)})$ 分别可以通过在式(4-4)、式(4-7) 和式(4-8) 中给变量 x_i、z_i 赋值 $x_i^{(j)}$、$z_i^{(k)}$ 得到。进一步可以观察到，左式中的 σ_0 和右式中的 $h^{t_i - z_i}$ 都独立于 j。因此，针对所有的 $j \in \mathcal{SV}$，可以利用双线性聚合公式（式(4-24)）的左右两边，并得到在支持

向量层面的批量验证公式

$$\hat{e}\left(\prod_{j\in\mathcal{SV}}\text{FK}(\boldsymbol{\Psi}_j)g_1^{-\sum\limits_{j\in\mathcal{SV}}v_j^{(k)}}H(\boldsymbol{\Psi}_j^{(k)})^{|\mathcal{SV}|},\sigma_0\right)$$
$$\overset{?}{=}\prod_{i=1}^{n}\hat{e}\left(\prod_{j\in\mathcal{SV}}\sigma_i^{(j)},h^{t_i-z_i^{(k)}}\right) \tag{4-25}$$

其中，函数公钥的聚合结果 $\text{FK}(\boldsymbol{\Psi})$ 可以由下式高效地计算：

$$\text{FK}(\boldsymbol{\Psi})=\prod_{i=1}^{n}(g_1^{t_i})^{\sum\limits_{j\in\mathcal{SV}}x_i^{(j)}}=\prod_{j\in\mathcal{SV}}\prod_{i=1}^{n}(g_1^{t_i})^{x_i^{(j)}}$$
$$=\prod_{j\in\mathcal{SV}}g_1^{\sum\limits_{i=1}^{n}x_i^{(j)}t_i}=\prod_{j\in\mathcal{SV}}\text{FK}(\boldsymbol{\Psi}_j) \tag{4-26}$$

此外，验证器也可以聚合成

$$\sigma_i=g_1^{d\sum\limits_{j\in\mathcal{SV}}x_i^{(j)}}(g_1^{t_i})^{d|\mathcal{SV}|}=\prod_{j\in\mathcal{SV}}(g_1^{x_i^{(j)}+t_i})^d=\prod_{j\in\mathcal{SV}}\sigma_i^{(j)} \tag{4-27}$$

鉴于单次验证中的辅助项 $H(\boldsymbol{\Psi}_j^{(k)})$ 与支持向量无关，因此可以通过在指数上乘以 $|\mathcal{SV}|$ 实现聚合。

紧接着考虑如何支持 ϕ 个测试样本结果的批量验证。从式(4-25) 中可以观察到，左式中的 σ_0 和右式中的 σ_i 都与测试数据 $\boldsymbol{z}_k$ 无关。因此，再次通过双线性针对所有的 $k\in[\phi]$ 聚合式(4-25) 的左右两边，可得在测试数据层面的批量结果验证公式

$$\hat{e}\left((\text{FK}(\boldsymbol{\Psi}))^{\phi}g_1^{-\sum\limits_{k=1}^{\phi}\sum\limits_{j\in\mathcal{SV}}v_j^{(k)}}\prod_{k=1}^{\phi}H(\boldsymbol{\Psi}_j^{(k)})^{|\mathcal{SV}|},\sigma_0\right)$$
$$\overset{?}{=}\prod_{i=1}^{n}\hat{e}\left(\sigma_i,(h^{t_i})^{\phi}h^{-\sum\limits_{k=1}^{\phi}z_i^{(k)}}\right) \tag{4-28}$$

其中，聚合函数公钥 $FK(\boldsymbol{\Psi})$ 独立于测试数据，因此可以直接将 ϕ 提到指数上。此外，辅助项的聚合可以通过下面的公式高效地计算：

$$
\prod_{k=1}^{\phi} H(\boldsymbol{\Psi}_j^{(k)})^{|\mathcal{SV}|} = \left(g_1^{\phi \sum_{i=1}^{n} t_i^2} \left(\prod_{i=1}^{n} (g_1^{t_i})^{\sum_{k=1}^{\phi} z_i^{(k)}} \right)^{-1} \right)^{|\mathcal{SV}|}
$$

$$
= \prod_{k=1}^{\phi} \left(g_1^{\sum_{i=1}^{n} t_i(t_i - z_i^{(k)})} \right)^{|\mathcal{SV}|} \tag{4-29}
$$

径向基核函数：依然从单个测试样本 $\boldsymbol{z}_k$ 开始。与上述针对多项式核函数的设计相同，用户可以调用 $|\mathcal{SV}|$ 次面向平方欧氏距离的底层协议中的验证模块 Verify。具体来说，分别在式（4-11）、式（4-14）和式（4-15）中将变量 x_i、z_i、r_i^1 赋值为 $x_i^{(j)}$、$z_i^{(k)}$、$r_i^{1(k)}$，即可得到函数公钥 $FK(\boldsymbol{\Psi}_j)$、验证器 $\sigma_i^{(j)(k)}$ 和验证辅助项 $H(\boldsymbol{\Psi}_j^{(k)})$。此外还可类似地推导出在支持向量机层面的批量验证公式，其形式与针对多项式核函数设计中的式（4-25）基本相同，不同点在于聚合函数公钥 $FK(\boldsymbol{\Psi})$、聚合验证器 $\sigma_i^{(k)}$ 和验证辅助项 $H(\boldsymbol{\Psi}_j^{(k)})$ 的具体形式，其中 $FK(\boldsymbol{\Psi})$ 和 $\sigma_i^{(k)}$ 的表达式分别如下：

$$
FK(\boldsymbol{\Psi}) = \prod_{i=1}^{n} \left(g_1^{\sum_{j \in \mathcal{SV}} x_i^{(j)2}} (g_1^{t_i})^{-2 \sum_{j \in \mathcal{SV}} x_i^{(j)}} (g_1^{t_i^2})^{|\mathcal{SV}|} \right) \tag{4-30}
$$

$$
= \prod_{j \in \mathcal{SV}} g_1^{\sum_{i=1}^{n} (x_i^{(j)} - t_i)^2} = \prod_{j \in \mathcal{SV}} FK(\boldsymbol{\Psi}_j)
$$

$$\sigma_i^{(k)} = \left(g_1^{t_i} \left(g_1^{z_i^{(k)}} g^{r_i^1} \right) \right)^{d|\mathcal{SV}|} g_1^{-2d \sum_{j \in \mathcal{SV}} x_i^{(j)}}$$

$$= \prod_{j \in \mathcal{SV}} \left(g_1^{t_i} g_1^{-2x_i^{(j)}} \left(g_1^{z_i^{(k)}} g^{r_i^1} \right) \right)^d = \prod_{j \in \mathcal{SV}} \sigma_i^{(j)(k)} \quad (4\text{-}31)$$

径向基核函数在测试数据层面的批量结果验证相对复杂，因为在支持向量层面的批量验证公式的右边两项都与测试数据 $\boldsymbol{z}_k$ 相关，即 $\sigma_i^{(k)}$ 和 $h^{t_i - z_i^{(k)}}$，所以不能直接应用双线性。不过，可以先将涉及测试数据的部分（即特征 $z_i^{(k)}$ 的密文）从 $\sigma_i^{(k)}$ 中剥离，然后再聚合。在后续的验证阶段，用户知道它的测试数据可以补充上这部分。在此方案下，聚合验证器 $\sigma_i^{(k)}$ 改变为

$$\sigma_i = \left(g_1^{t_i} \right)^{d|\mathcal{SV}|} g_1^{-2d \sum_{j \in \mathcal{SV}} x_i^{(j)}} = \prod_{j \in \mathcal{SV}} \left(g_1^{t_i - 2x_i^{(j)}} \right)^d \quad (4\text{-}32)$$

且独立于测试数据 $\boldsymbol{z}_k$。在测试数据层面的批量验证公式如下：

$$\hat{e} \left((\mathrm{FK}(\boldsymbol{\Psi}))^{\phi} g_1^{-\sum_{k=1}^{\phi} \sum_{j \in \mathcal{SV}} v_j^{(k)}}, \sigma_0 \right)$$

$$\overset{?}{=} \underbrace{\prod_{k=1}^{\phi} \prod_{i=1}^{n} \hat{e} \left(\sigma_i, h^{t_i - z_i^{(k)}} \right)}_{\text{RHS1}} \underbrace{\prod_{k=1}^{\phi} \prod_{i=1}^{n} \hat{e} \left(g_1^{d|\mathcal{SV}|z_i^{(k)}}, h^{t_i - z_i^{(k)}} \right)}_{\text{RHS2}} \quad (4\text{-}33)$$

其中 RHS1 和 RHS2 可以基于公开参数和测试数据通过下面公式得出：

$$\mathrm{RHS1} = \prod_{i=1}^{n} \hat{e} \left(\sigma_i, (h^{t_i})^{\phi} h^{-\sum_{k=1}^{\phi} z_i^{(k)}} \right) \quad (4\text{-}34)$$

$$\text{RHS2} = \hat{e}\left(g_1^{-\sum_{i=1}^{n}\sum_{k=1}^{\phi}z_i^{(k)2}}\prod_{i=1}^{n}\left(g_1^{t_i}\right)^{\sum_{k=1}^{\phi}z_i^{(k)}},\sigma_0^{|\mathcal{SV}|}\right) \quad (4\text{-}35)$$

引入 RHS2 是为了补充从原来验证器中脱离的涉及 $z_i^{(k)}$ 的部分。上述的设计是将 $w_i(t)$ 编码到指数上而无须获知其明文元素 $z_i^{(k)}$ 的另一种可行方式。

4.6.1.3 复杂度分析

MVP 顶层应用协议中的秘密推理模块和结果验证模块的时间和通信复杂度分析如下：

在两种不同的核函数中，秘密推理 ϕ 个测试样本，用户、服务提供商和模型管理者的时间复杂度分别是 $O(\phi n)T_{\exp}$、$O(\phi|\mathcal{SV}|n)T_{\exp}$ 和 $O(\phi|\mathcal{SV}|)T_{\exp}$，其中 $|\mathcal{SV}|$ 表示支持向量的数量。它们的通信复杂度分别是 $O(\phi n+\phi|\mathcal{SV}|)$、$O(\phi n+\phi|\mathcal{SV}|)$ 和 $O(\phi|\mathcal{SV}|)$。

针对 ϕ 个测试样本的批量结果验证，首先分析多项式核函数，用户、服务提供商和模型管理者的时间复杂度分别是 $nT_{\text{pair}}+O(n)T_{\exp}$、$1T_{\text{pair}}+O(n)T_{\exp}$ 和 $O(n)T_{\exp}$。它们的通信复杂度分别是 $O(n)$、$O(n)$ 和 $O(1)$；其次分析径向基核函数，用户、服务提供商和模型管理者的时间复杂度分别是 $nT_{\text{pair}}+O(n)T_{\exp}$、$2T_{\text{pair}}+O(n)T_{\exp}$ 和 $O(n)T_{\exp}$。它们的通信复杂度分别是 $O(n)$、$O(n)$ 和 $O(1)$。从上述分析中可以发现，批量验证协议的确能大幅度削减验证开销，尤其是当

处理大规模测试数据时。具体来说，面向多项式核函数和径向基核函数设计的整体验证开销分别由（$n+1$）和（$n+2$）次的双线性映射操作主导。此外，验证开销只依赖特征向量维数 n，而几乎与支持向量数量 $|SV|$ 和测试数据集大小 ϕ 无关。这也意味着本章提出的批量协议具有良好的可拓展性。

4.6.1.4 安全分析

MVP 顶层应用协议的安全性依赖其底层协议的安全性。首先，鉴于已经证明验证器的不可伪造性，批量结果验证等价于经典的批量签名验证[124]。其次，顶层协议能够抵御通过中间计算结果获得支持向量的方程求解攻击，因此模型机密性得以保证。具体地说，服务提供商可以任意置乱支持向量从而置乱中间结果。这种方法可以抵御任意的随机多项式时间用户通过查询任意数量的测试数据以获得支持向量，因为用户需要求解 $\left(\prod_{j=1}^{|SV|} j\right)^{n-1}$ 个方程组，其中每个方程组包含 n 个等式和 n 个未知量。最重要的是，这种方法不影响批量验证的执行。分析和证明细节请参阅文献[26]。最后，在模型推理的整个过程中，用户的所有测试数据都被改进的 BGN 协议进行了加密，测试数据隐私得到保护。

4.6.2　面向其他机器学习算法的拓展

本小节从应用范围和可拓展性角度来展现 MVP 的一般性。

除了支持向量机之外，MVP 还能支持许多其他的机器学习算法，只要它们的形式能够被分解成点积和欧氏距离这两个基本算子或者被这两个算子近似。典型的例子包括线性回归和分类模型、基于欧氏距离的原型法和最近邻法，以及神经网络。具体而言，面向点积和平方欧氏距离的底层协议可以直接支持前两种模型。以经典的逻辑回归模型为例，其分类器的表达式为 $f(\boldsymbol{z}_k) = \varphi(\boldsymbol{w}^{\mathrm{T}}\boldsymbol{z}_k + b)$，其中 $\varphi(v) = \dfrac{1}{1+\exp(-v)}$ 表示 logistic 函数，$\boldsymbol{w}$ 表示权重向量，b 表示偏置向量。鉴于 $\varphi(\cdot)$ 是公开的且用户可自行运算，保有秘密模型参数 $\boldsymbol{w}$ 和 $\boldsymbol{b}$ 的服务提供商只需要计算 $\boldsymbol{w}^{\mathrm{T}}\boldsymbol{z}_k + b$ 并返回 v。因此，面向点积的底层安全协议可以支持逻辑回归模型。此外，考虑到对于每个测试样本 $\boldsymbol{z}_k$，模型参数 $\boldsymbol{w}$ 和 b 均保持不变，因此可以应用基于双线性的批量结果验证。

下面从计算可行性和计算高效性两个角度对如何支持神经网络进行阐述。首先分析计算可行性。根据已有工作[59-61,64,122]，神经网络的推理需要进行一次前向传播，主要包括加权求和（全连接层和卷积层）、最大池化、平均池化、sigmoid 函数、修正线性单元（Rectified Linear Unit，ReLU）

等算子。①加权求和可以被面向点积的底层协议直接处理。②鉴于最大值函数不是多项式函数，因此最大池化操作无法被直接处理。然而，最大值函数可以通过 $\max(z_1, z_2, \cdots,$ $z_n) = \lim_{p \to \infty} \left(\sum_{i=1}^{n} z_i^p \right)^{\frac{1}{p}}$ 进行近似。当 $p = 1$ 时，最大池化退化到缩放的平均池化，其可行性已被 Gilad-Bachrach 等人的工作[59]论证，而缩放的平均池化可以被面向点积的底层协议处理。此外，面向欧氏距离的底层协议还能支持 $p = 2$。③平均池化的形式是总和除以常数，因此可以被面向点积的底层协议处理。④根据一系列已有工作[59,64,66,125]，非多项式的 sigmoid 激活函数和修正线性单元激活函数可以被平方激活函数替代。同时，平方激活函数能够被面向平方欧氏距离的底层安全协议处理。紧接着分析计算高效性。①对于服务提供商，它知道神经网络的权重矩阵和偏置向量，因此可以使用高效的同态性质（包括同态乘常数、同态加等）在用户测试数据的密文上进行秘密推理。进一步地说，类似于基于线性核函数的支持向量机，在神经网络中只使用线性变换（例如加权求和、平均池化等）的连续多个网络层可能会坍塌，网络的深度被降低，秘密推理的开销也将大幅削减。②用户依然可以利用双线性实现批量验证，因为针对每个测试样本，神经网络参数保持不变。

总的来说，MVP 的应用范围不局限于支持向量机，还能支持许多其他机器学习模型。此外，鉴于多项式分解（引理

4.1）的一般性，MVP 的底层协议可以拓展至高次的多元多项式，从而支持更大范围的机器学习模型。

4.7 实验评估

本节展示 MVP 在垃圾短信识别场景的计算开销和通信开销，此外还将介绍模型管理者的开销以论证其可行性。

4.7.1 实验设置

数据集：实验采用 3 个实际的短信服务数据集，分别是 SMS Spam Collection v. 1[126]、DIT SMS Spam Dataset[127] 和 NUS SMS Corpus[128]。SMS Spam Collection v. 1 是第一个短信服务基准数据集，包含 747 条垃圾短信和 4 825 条正常短信；DIT 数据集包含从两个英国的用户投诉网站 GrumbleText 和 WhoCallsMe 上采集的 1 353 条垃圾短信。数据采集的时间段是 2003 年的下半年到 2010 年的年中；NUS 数据集包含 55 835 条新加坡用户的正常短信。该数据集最近一次发布的日期是 2015 年 3 月 9 日。本实验从 SMS Spam Collection v. 1 数据集中随机选取 80% 的样本作为训练数据集，并把剩余 20% 的样本作为默认的测试数据集。当然，可以通过加入其他两个数据集的样本来扩充测试数据集。

文本处理与模型训练：实验采用常用的文本处理技巧对数据集进行了预处理。首先去除标点和停顿词，并将所有的文本转换成小写，然后构建基于 TF-IDF（Term Frequency-Inverse Document Frequency）的特征向量，并在处理后的训练数据集上训练支持向量机以得到分类器。支持向量机的实现基于常用的 Python 机器学习库 scikit-learn v0.19.0。通过设置 TfidfVectorizer 函数模块中的参数 max_ features 可以调控词库的规模，即特征的数量 n。此外，利用 GridSearchCV 函数模块来搜索两个核函数的超参。具体地说，基于多项式核函数（$p = 3$）和基于径向基核函数的支持向量机最高测试准确率分别达到 98.39% 和 98.21%。

统计信息： 表 4-1 展示了特征数量 n、对应的支持向量的数量 $|\mathcal{SV}|$，以及测试数据集、支持向量和中间计算结果的稠密度，分别用 $\Theta(\text{TS})$、$\Theta(\text{SVs})$ 和 $\Theta(\text{IRs})$ 表示。$\Theta(\cdot)$ 刻画一个矩阵的稠密度，被定义为矩阵中非零元素的数量除以矩阵的大小。因此，$n\Theta(\text{TS})$ 和 $n\Theta(\text{SVs})$ 可以大体刻画在测试数据集和支持向量集合中每条短信的特征向量平均含有非零元素的个数。与上述类似，$|\mathcal{SV}| \times \Theta(\text{IRs})$ 能够刻画每个测试样本所产生的中间结果集合中非零元素的平均个数，即 $\{v_j^{(k)} = \Psi_j(z_k) \mid j \in \mathcal{SV}\}$ 中非零元素的个数。可以观察到，测试数据集、支持向量集合以及在使用多项式核函数情况下的中间结果集合相当稀疏，而在使用径向基核函数情况下的中间计算结果集合相对稠密。后续的实现和分析都需要考虑这些统计信息。

表 4-1　短信服务数据集、模型参数和中间计算结果的统计信息

n	$\Theta(\mathrm{TS})$	$|\mathcal{SV}|$		$\Theta(\mathrm{SVs})$		$\Theta(\mathrm{IRs})$	
		多项式核	径向基核	多项式核	径向基核	多项式核	径向基核
200	1.60%	561	570	1.73%	1.75%	8.83%	99.75%
400	1.04%	643	576	1.10%	1.10%	8.86%	99.95%
600	0.80%	745	611	0.88%	0.85%	9.03%	99.96%
800	0.65%	852	652	0.74%	0.69%	9.05%	99.97%
1 000	0.55%	935	694	0.65%	0.60%	9.11%	99.98%

系统配置： MVP 协议的实现主要利用了最新的 PBC 密码学库（pairing-based cryptography library）[129]，具体采用了 MNT 椭圆曲线，其基域（base field）的大小为 172 字节，嵌入次数（embedding degree）为 6。此外，双线性群的阶长为 163 字节，基本判别数（fundamental discriminant）为 3 447 443。本实验采用的设置足以抵御泛化的离散对数攻击以及有限域上的离散对数攻击。实验设备是一台台式计算机，操作系统是 64 位的 Ubuntu 14.04，CPU 型号是 Intel(R) Core(TM) i5，主频为 3.10 GHz。

4.7.2　计算开销

本小节展示 MVP 中秘密推理和结果验证的时间开销。

4.7.2.1　秘密推理

秘密推理可进一步分为 3 个阶段，分别是加密、秘密计算

和解密。图 4-4 展示了当特征数量 n 从 200 以 200 为幅度增加到 1 000 时，平均每个测试样本在这 3 个阶段的时间开销。

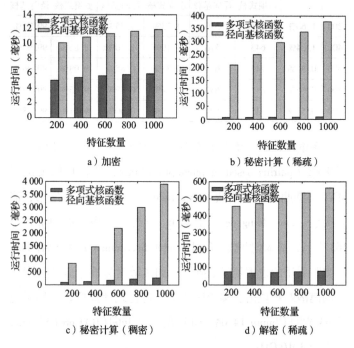

图 4-4　MVP 中平均每个测试样本的秘密推理开销

加密：鉴于测试数据（特征向量）的稀疏性，本实验让用户加密所有的非零元素但只随机加密少量的零元素。填充零值密文是为了干扰每条短信的词汇，从而增强针对服务提供商测试数据隐私的保护。对于每个测试样本，填充零值密文的数量被设置为 10，这一数值大于表 4-1 中的

$n\Theta(\mathrm{TS})$ 和 $n\Theta(\mathrm{SVs})$。图 4-4a 展示了每个测试样本的加密开销。可以观察到，在两个核函数下的加密开销都随着 n 的增大而增大。现象背后的原因可以通过 $n\Theta(\mathrm{TS})$ 来解释，这一项表示了平均每个测试样本中非零元素的数量。该数值随 n 的增大而增大，BGN 加密的总次数也随之增大。从图 4-4a 中还能观察到，在径向基核函数下的开销大约是在多项式核函数下开销的两倍。这是因为面向径向基核函数的安全协议还需要额外加密测试数据的平方值。当 n 达到 1 000 时，在多项式核函数和径向基核函数下，用户平均每个测试样本的加密开销分别是 5.98 毫秒和 11.98 毫秒。

秘密计算：接下来测试在两种不同加密策略下秘密计算的开销。第一种策略是填充 10 个零值密文，第二种是加密所有的零元素。第一种策略能够测试 MVP 处理稀疏数据的高效性，而第二种则能测试 MVP 在稠密数据上的可行性。在稀疏和稠密加密策略下的实验结果分别如图 4-4b 和图 4-4c 所示。

从图 4-4b 和图 4-4c 可以观察到的第一个重要现象是，在径向基核函数下的秘密计算开销远大于在多项式核函数下的秘密计算开销。从两者底层的安全协议来看，主要有两方面的原因：①在处理相同的系数向量和输入向量时，平方欧氏距离的秘密计算开销要高于点积的秘密计算开销；②由于测试数据和支持向量的稀疏性，对于点积操作，如果一对元素中的任意一个元素为零，则服务提供商可以不进行计算；而对于平方欧氏距离操作，只有当两个元素都为零时，服务提供商才能不进行计算。填充的零值密文使得这种情况更糟。例如，假定支持向量为 $x_j = (1, 0, 1, 0)$，一个加密的测试样本为 $\tilde{z}_k = (0, \tilde{1}, 0, 0)$，其中第二位非零元素被加密。对于点积和平方欧氏距离，服务提供商分别需要做 0 次和 3 次基本的秘密计算操作。如果用户在测试数据的密文 $\tilde{z}_k$ 的第一个位置加入零值密文，即 $\tilde{z}_k = (\tilde{0}, \tilde{1}, 0, 0)$，这不会对点积操作产生影响，但会让平方欧氏距离计算增加一次额外的操作。比较图 4-4b 和图 4-4c 可以得到第二个重要发现，相比于稀疏加密策略，基于两种不同核函数的支持向量机在稠密加密策略下的秘密计算开销都显著增大，但是开销增大的幅度低于数据稠密度增加的幅度，后者可以通过 $n/(n\Theta(TS)+10)$ 计算。具体来说，当 $n = 1\,000$ 时，数据稠密度相比初始增加了 64.50 倍，而在多项式核函数和径向基核函数下的秘密计算开销分别只比初始开销增加了 28.50 倍和 10.33 倍（具体时间开销分别为 0.27 秒和 3.90 秒）。

从上述的结果和分析中可以发现，MVP 协议在稀疏和稠密数据上都表现良好。秘密计算开销较低的增幅也体现了 MVP 在服务提供商处良好的拓展性。

解密：图 4-4d 展示了在稀疏加密策略下的解密开销。可

以观察到，解密开销的趋势大致与表 4-1 中的 $|\mathcal{SV}| \times \Theta(\mathrm{IRs})$ 保持一致。值得注意的是，本实验中加密模块 Decrypt 的实现是通过预先计算一个多项式大小的表，存储着以 $\pi(g_1, g_2)$ 为底数的幂，使得每次对数计算的开销都处于微秒级别。经过该预存机制，解密模块中最为耗时的操作变成了投射密文操作，在多项式核函数和径向基核函数下的每次开销分别是 0.63 毫秒和 0.81 毫秒。此外，在稠密加密策略下解密开销的增幅远低于秘密计算开销的增幅，例如，当 $n = 1\,000$ 时，解密开销在径向基核函数下只增加了 1.32%。

秘密推理的整体开销：由于在垃圾短信识别任务中特征向量的稀疏性，支持向量占训练数据集的比例很高，例如，当 $n = 1\,000$ 时，在多项式核函数下，这一比例达到了 20.98%。这也是解密模块最坏的情况。然而，当 $n = 1\,000$ 时，最大的秘密推理开销发生在径向基核函数下，但每个测试样本只消耗服务提供商 0.95 秒的时间开销，这充分体现了 MVP 协议中秘密推理的高效性。

4.7.2.2　结果验证

MVP 中批量推理结果验证包含 4 个主要部分：验证器辅助参数集的生成、函数公钥的聚合生成、验证器的聚合生成，以及最后用户侧的验证。图 4-5 展示了当特征数量 n 从 200 增加到 1\,000 时的实验结果，其中测试数据集的大小 ϕ 为 1\,000。

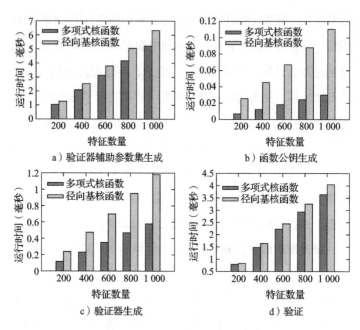

图 4-5　MVP 中平均每个测试样本的结果验证开销

如图 4-5 所示，4 个部分的开销都随着 n 的增大呈线性增长，其原因有：①验证器辅助参数集的大小在多项式核函数和径向基核函数下分别是（$2n+1$）和 $4n$；②式（4-26）和式（4-30）表明函数公钥的生成开销随 n 线性增长；③从式（4-27）和式（4-32）可以看出，验证器的大小是 n；④在多项式核函数和径向基核函数下的验证开销由（$n+1$）和（$n+2$）次的双线性映射操作主导。此外，当 $n=1\,000$ 时，在多项式核函数和径向基核函数下，平均每个测试样本结果验证的整体开销分别是 9.47 毫秒和 11.66 毫秒，这对于资源受限的终端用户来说是足够轻量化的。

值得注意的是，MVP 中批量结果验证的开销只依赖模型的参数量，与数据的稀疏性和稠密性无关。这也意味着，当测试数据的规模 ϕ 更大时，平均每个测试样本结果验证的开销可以进一步削减。为了验证这一点，同时为了体现 MVP 批量验证性能的优越性，本部分引入 4.4 节所提到的朴素方案作为基准进行比较。图 4-6 展示了 MVP 与朴素方案的比较结果，其中测试数据集大小 ϕ 以指数形式从 1 增长到 10 000，特征数量 n 被设置为 1 000。此外，在朴素方案中对支持向量采用的稀疏和稠密加密策略与对测试数据所采用的相一致。从图 4-6 中可以观察到，在稀疏加密策略下，分别当 $\phi \geqslant 100$ 和 $\phi \geqslant 10$ 时，MVP 在多项式核函数和径向基核函数下的性能超过了朴素方案。此外，随着 ϕ 逐渐增大，MVP 的优势越发显著。例如，当 $\phi = 1\,000$，在多项式核函数和径向基核函数下，MVP 整体的结果验证开销分别只是朴素方案的 9.86% 和 1.23%。在稠密加密策略下，面对任何规模的测试数据集，MVP 的性能远优于朴素方案。甚至当 $\phi = 1$ 时，在多项式核函数和径向基核函数下，MVP 整体的结果验证开销分别仅为朴素方案的 2.54% 和 2.11%。总结来说，面对大规模的测试数据集时，MVP 能通过批量验证的方式显著地削减结果验证开销。

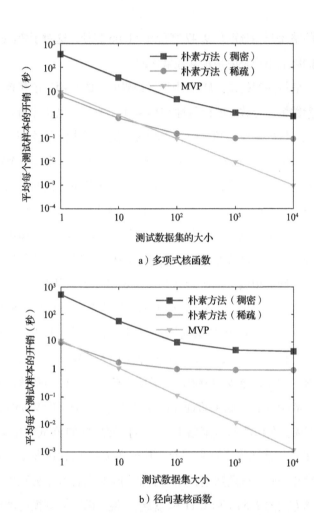

a）多项式核函数

b）径向基核函数

图 4-6　MVP 与朴素方案在整体结果验证开销方面的比较

4.7.3 通信开销

图 4-7 展示了用户、服务提供商和模型管理者的通信开销。特征数量 n 被设置为 1 000。用户只传输非零元素的密文。展示的通信开销只考虑发送数据产生的开销。从图 4-7 可以观察到，三个参与方的通信开销都随着测试数据集的大小 ϕ 的增长呈线性增长，主要原因在于：①用户主要传输 ϕ 个测试样本的密文用于秘密推理；②服务提供商主要传输平均规模为 $\phi \times |\mathcal{SV}| \times \Theta(\mathrm{IRs})$ 的中间计算结果的密文用于解密，并发送验证器用于批量结果验证；③模型管理者主要返回中间计算结果的明文。值得注意的是，图 4-7 的横纵坐标都是对数尺度的，因此服务提供商的通信开销（包含发送验证器产生的常量开销）看起来是非线性的。具体地说，当 $\phi < 10$ 时，如果发送验证器的常量开销占主导，则该阶段的曲线相对平缓。最后值得注意的是，当 $\phi = 10\,000$ 时，用户在多项式核函数和径向基核函数下的通信开销分别是 2.41 MB 和 4.83 MB，这对于资源受限的物联网终端用户来说也是可承担的。

总结来说，MVP 通过聚合验证器并使用更小素数阶的双线性群实现了通信开销的大幅削减。

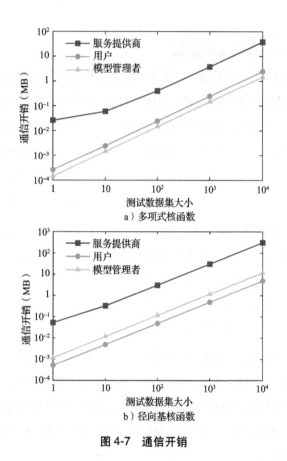

a）多项式核函数

b）径向基核函数

图 4-7　通信开销

4.7.4　模型管理者的开销

本小节展示模型管理者的计算、通信和存储开销。支持向量机采用测试准确率最高的多项式核函数。用户只加密非

零元素。特征数量 n 被设置为 1 000。测试数据集大小 ϕ 被设置为 10 000。首先，模型管理者的主要任务是初始化改进的 BGN 同态加密系统的参数和结果验证协议的参数。此外，模型管理者还需执行大约 $\phi \times |\mathcal{SV}| \times \Theta(\mathrm{IRs})$ 次的解密操作。这两部分的计算开销为 57.50 秒。当然，参数初始化的开销可以被均摊到更大规模的测试数据上。其次，模型管理者的通信开销为 1.42 MB。最后，模型管理者的存储开销来自维护以 $\pi(g_1, g_2)$ 为底数的幂表，需要占用 0.22 MB 的存储空间。总的来说，模型管理者的负载较轻。

4.8　本章小结

本章提出了面向模型推理服务的安全协议 MVP，首次同时保证了结果的可验证性、模型机密性和测试数据的隐私。在 MVP 中，服务提供商必须诚实地处理用户的测试数据，而用户可以批量地验证推理结果的正确性。此外，服务提供商侧机密的模型参数和用户侧敏感的测试数据都被很好地保护。实验进一步将 MVP 应用于支持向量机，并在 3 个实际的短信服务数据集上进行了性能评估。实验结果验证了 MVP 的轻量化和可拓展性。

第 5 章

超大规模终端间联合子模型学习方法及隐私保护机制

本章以阿里巴巴手机淘宝中 10 亿量级的商品推荐场景为驱动，提出超大规模终端间联合子模型学习方法及隐私保护机制。在遵循"终端数据不离开本地"的基本安全隐私原则下，本章摆脱谷歌的传统联合学习框架依赖全局完整模型的局限性，同时消除子模型更新聚合的偏差，最终实现安全可信的数据迁移（见第 3 章和第 4 章）到计算迁移的跨越。

5.1 引言

在过去的 10 年中，移动端设备得到快速发展，设备种类和数量日益增长，计算、内存等资源日益丰富。据维基百科统计，2019 年全球智能手机达到 38 亿部。此外，在 2010 年，美国苹果公司推出的 iPhone 4 手机，当时只有 800 MHz 的单核处理器，最大运行内存为 512 MB。相比之下，中国华为公司在 2020 年 11 月推出的 Mate 40 Pro+手机，处理器有 8 核，每个核最低的频率超过 1.95 GHz，最大的运行内存达到 8 GB，同时配备了高性能的 GPU 和 NPU。随着终端设备硬件能力的大幅提升，在终端上进行智能化的数据处理（特征计算、模型推理和模型训练等）成为新趋势。首先，从设备采集的用户行为等原始数据中提取特征。然后，终端从云服务端拉取机器学习模型，以提取的特征为输入，输出推理结果，实时地服务用户。如果终端有数据安全隐私、模型个性化和实时更新等需求，终端可以直接进行本地训练，更新端上模型。交互式商品推荐、人脸识别、语音识别等移动端智能技术纷纷应用于智慧零售、智能家居、智能交通等场景，为人们的日常生活带来了极大的便利，也深刻改变着产业形态，推动了产业转型升级。

5.1.1　产业界场景驱动

本章的研究工作与手机淘宝展开了合作，主要面向其移动端商品推荐系统。淘宝作为中国最大的 C2C（Consumer-to-Consumer）电商平台，拥有 10 亿量级的移动终端用户、20 亿规模的商品库。本章将探索如何从超大规模的商品库中为超大规模的移动终端用户提供精准、个性化、实时的推荐，同时保证用户的数据始终不离开设备本地。

目前，阿里巴巴线上部署的推荐系统主要基于云服务端，需要服务器集群收集、存储和处理海量的用户数据。推荐系统主要包括两个阶段，分别是云上召回阶段和端上重排阶段，其中召回用来检索匹配出候选商品集合，重排用于生成最后的推荐。此外，推荐模型输入的数据字段主要包括用户画像（例如用户标识、性别、年龄、购买力等）、用户行为（例如曝光和点击商品序列等，其中商品侧信息包括商品标识、类别标识、商家标识等），以及上下文信息（例如时间、页面号和展示位置等）。这些数据字段或多或少有些敏感，而一些高度重视隐私的用户可能拒绝分享自己的数据。此外，根据国内外数据安全的相关法律法规（例如欧盟的《通用数据保护条例》等），如果未征得用户同意，任何企业和机构禁止通过设备上的应用程序收集用户的数据并上传至云服务端。在这种情况下，如何优化推荐模型并为终端用户提供精准的推荐成为现实的需求。

实现了机器学习与集中数据解耦的联合学习框架是一种潜在的方案。然而，如 1.3 节所述，传统的联合学习框架要求每个终端下载全局完整模型进行本地训练，并向云服务端提交完整模型的更新。这一要求对于资源受限的终端用户和产业级的深度学习模型来说是不切实际的。具体而言，面对庞大而稀疏的特征输入空间（例如电商商品标识库、自然语言文本和地理位置等），深度学习通常需要嵌入层（embedding layer）将输入映射到低维空间，使得相似的输入在低维空间中距离相近。此外，完整的嵌入矩阵通常占据整个模型的极大比例，例如占本章实验采用的深度兴趣网络的

98.22%、占谷歌键盘采用的语言模型超过 2/3[99]。进一步地说，手机淘宝有 20 亿左右的商品待推荐，远远大于谷歌键盘自然语言场景涉及的 1 万个词汇。这意味着在深度推荐模型占据主导的、用于商品标识嵌入的矩阵大约有 20 亿行。如果将嵌入矩阵的列数设置为 18 并采用 32 位的数值表示方式，完整的嵌入矩阵大约需要 134 GB 的空间。这一巨大的内存开销远远超过手机淘宝应用的运行内存上限（200 MB），对于 10 亿量级的移动端淘宝用户来说也是不可接受和难以承担的。因此，基于完整模型的联合学习框架无法直接应用于手机淘宝推荐场景。

为了实现高效性，在推荐系统、自然语言理解、多任务学习等存在个性化需求的实际场景中，我们观察到一个终端的数据往往只涉及完整特征空间的一个子空间。因此，该终端只需要其本地特征对应的部分模型参数，称之为"子模型"。换句话来说，在终端的本地训练之后，只有其子模型才会被更新。例如，在手机淘宝推荐场景下，每个终端用户往往浏览、点击和购买少量的商品，因此只需要一个裁剪的模型。如果某个手机淘宝用户的历史数据只涉及 300 个商品，那么该用户只需要使用商品标识嵌入矩阵中对应的 300 行而非完整的 20 亿行嵌入向量。从模型切分角度来看，子模型是基于特征的模型切分。基于子模型的概念，本章提出了一般化且可规模化拓展的联合子模型学习框架。

5.1.2 联合子模型学习框架

如图 5-1 所示，在每轮的联合子模型学习中，协调服务器首先挑选部分在线的终端。每个被选中的终端从协调服务器上下载所需的子模型。例如，在电商推荐场景中，终端的子模型主要包括针对其历史数据中涉及的商品标识的嵌入向量和其他神经网络参数。然后，每个参与终端使用本地数据训练子模型并上传子模型更新。协调服务端聚合在线参与终端提交的子模型更新并更新全局模型。在实际情况中，上述流程不断迭代以保证协调服务器上全局模型和终端上子模型的时效性。

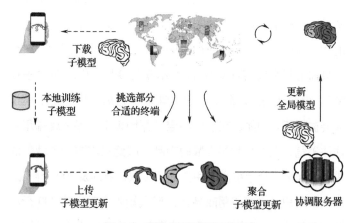

图 5-1 联合子模型学习框架

注：当子模型退化到全局完整模型时，联合子模型学习退化到传统的联合学习，具体内容参见图 1-3。

联合子模型学习本质上采取了自然的数据集切分和基于特征的模型切分，同时实现了数据并行和模型并行，进一步解除了联合学习对于大规模全局模型的依赖，显著地提升了效率。例如，在本章的实验中，每个手机淘宝用户的深度兴趣网络子模型平均只需嵌入本地 300 个商品标识，大小约为 0.27 MB，参数量仅仅是全局完整模型的 1.99%，因此可以在资源受限的移动端设备上高效地运行。此外，如果每个终端均使用完整模型而非特征对应的子模型，联合子模型框架将会退化到传统的联合学习框架（具体内容参见第 1 章图 1-3）。因此联合子模型学习框架更为一般化。一般化也意味用于提升联合学习效率的方案也可以应用到联合子模型学习中，例如，模型压缩算法不仅可以压缩全局模型（更新）也可以压缩子模型（更新）以削减开销。总的来说，面对将产业级的深度学习模型部署到海量的终端设备上进行协同训练的任务，联合子模型学习框架比联合学习更为实用高效。

5.1.3 新引入的隐私风险

每个事物都有两面性，联合子模型学习在削减开销的同时也引入了两个新的隐私风险。

首先，与联合学习使用公共的完整模型相比，下载子模型和上传子模型更新都需要终端提供一个索引集来指定子模型在完整模型中的位置。然而，终端的真实索引集往往对应着其用户数据。例如，在电商推荐场景中，为了明确所需的嵌入向量，终端主要提供其本地数据所涉及的商品标识作为索引集。类似地，在自然语言场景中，终端用于指定所需词向量的真实索引集是从其本地文本中提取出的词表。因此，向不可信的协调服务器提供真实索引集也被认为泄露了原始数据，违背了联合学习的宗旨。相比之下，在传统联合学习中，每个终端均利用完整模型，而完整模型的位置是公开信息，与终端本地的数据无依赖关系，因此没有上述隐私泄露风险。

其次，相比联合学习中所采用的对齐规整的全局模型，在每轮联合子模型学习中，每个被挑选的终端只提交其个性化的子模型更新，位置与其他参与终端子模型的位置存在高度的差异。因此，当协调服务器在聚合模型某个位置/索引的更新时，有很大的概率只有单个参与终端提交参数更新⊖。在这种情况下，根据聚合更新的结果，协调服务器不仅知道该终端拥有这个位置/索引，还知道具体的更新内容。除了真实索引集泄露隐私，单个终端的更新也会记忆其本地数据并被攻击者用于恢复隐私信息，即针对单终端的模型反演攻击（model inversion attack）[130-131]。此外，鉴于不同淘宝用户所涉及的商品标识集合相比谷歌键盘用户所涉及的词表差异性更大，终端真实所需的子模型的错位性也更高，因此电商推荐场景中的隐私风险比自然语言场景中的隐私风险更严重。

⊖ 在后续实验采用的淘宝数据集中，随机选取 100 个用户，一个商品标识只涉及当中单个用户的概率高达 86.7%。

5.1.4　基本问题和挑战

为了规避子模型框架下的隐私风险，我们需要同时解决两个基本安全问题，如图 5-2 所示：①终端如何从不可信的协调服务器上下载矩阵中的某一行，且不泄露行号，这里的矩阵代表由协调服务器维护的全局模型；②终端如何修改矩阵中的某一行，且不泄露行号和修改内容。下面仔细分析两个问题。

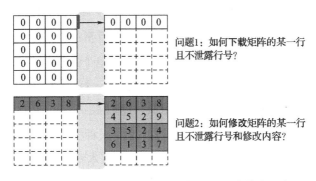

问题1：如何下载矩阵的某一行且不泄露行号？

问题2：如何修改矩阵的某一行且不泄露行号和修改内容？

图 5-2　联合子模型学习框架下需要解决的两个基本安全问题

首先分析第一个问题。一种朴素的方案是，终端首先以传统联合学习的方式下载完整的矩阵，然后本地提取所需的行。这个方案完美地隐藏了下载的行号，但会产生巨大的通信开销。为了避免下载完整的矩阵，可采用私有信息检索（private information retrieval）[132-134]。具体而言，私有信息检索切合第一个问题的基本设定，包括只读模式以及对被检索元素的保护。因此，如果单独考虑第一个问题，私有信息检索是一个合适的方案。

　　下面分析第二个问题。针对完整矩阵中的某一行，如果参与的终端逐个串行地修改这一行，协调服务器肯定知道哪些终端修改了这一行以及它们的具体修改内容。一个可行的方案是首先安全地聚合（即累加）所有参与终端的修改内容，同时不泄露任意单个终端的修改内容，然后将聚合修改（即修改内容的和）统一应用到这一行。许多密码学协议支持秘密求和的功能，例如针对联合学习设置的安全聚合协议[81]、支持同态加法的加密协议等。在安全聚合性质的保证下，如果至少一个终端参与了聚合修改且至少一个修改是非零的，那么协调服务器就无法知道任意单个修改，也就无法知道哪些终端真正打算或不打算修改这一行。进一步地说，参与聚合修改的终端数量越大，隐私保护程度越高。如图 5-3 所示，有两种极端的朴素方案。一种极端的方案是将传统的联合学习与安全聚合相结合，在本章中也被简称为"安全联合学习"（secure federated learning）。安全联合学习让每轮所有被选中的终端参与完整矩阵中每一行的聚合修改，无论它们是否真正打算修改。因此，安全联合学习保证了最强的隐私，但是效率最差。另一种极端的方案是直接将安全聚合应用于联合子模型学习。针对某一行，只有那些真正打算修改这一行的终端才会参与聚合修改。因此，每个参与终端只参与那些真正打算修改的行。然而，不同的终端往往修改高度差异化甚至互斥的行。对于某一行的聚合修改，只有一个终端参与的概率很高。在这种情况下，安全聚合将会失效，同时这个终端的真实意图和具体的修改内容也将被泄露。总的来说，针对第二个问题，现有朴素的方案无法实现隐私和效率之间的平衡。

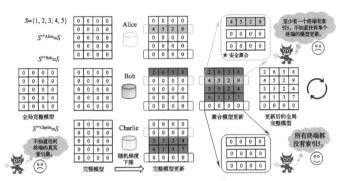

a）联合学习+安全聚合（安全联合学习）

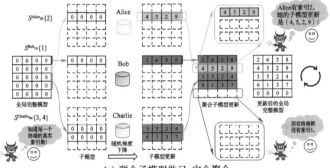

b）联合子模型学习+安全聚合

图 5-3 与传统的安全联合学习（联合学习结合安全聚合）相比，联合子模型学习直接结合安全聚合依然会泄露终端的真实索引集和子模型更新给不可信的协调服务器

注：灰色圆角矩形代表安全聚合[81]的过程，其中协调服务器作为聚合者只能获得来自多个终端提交向量的和，但不知道任意单个终端的向量。此外，表格中虚线行代表终端不下载、不训练或不更新这行。

综合考虑上述两个基本问题，可以发现安全联合学习是现有的唯一方案，但会产生难以承受的开销。

5.1.5 设计与贡献总览

为了保护隐私同时保证高效性，本章提出了安全联合子模型学习协议，协议整体的流程如图 5-4 所示。首先确定每轮联合子模型学习中聚合修改的范围，从而对齐高度差异化的子模型。如果没有对齐的步骤，如 5.1.3 节所阐述的，每个索引将有很大的概率来自参与终端集合中的单个终端，这使得安全聚合失效，并会泄露该终端是否真实地拥有这个索引以及其修改内容。对齐子模型最大的挑战在于需要保护每个参与终端真实子模型的位置，即从本地私有数据中提取出的真实索引集。安全联合学习这一基准方案简单地使用了完整模型的位置，即索引全集，用于对齐。相比之下，安全联合子模型学习找到了一个充分必要的范围，即当轮参与终端真实索引集的并集。通过本章提出的安全多方并集计算协议，每个参与终端都可以在不可信服务器的协调下获得并集结果，而不泄露任何单个终端的真实索引集。鉴于每轮参与终端真实索引集的并集小于（在淘宝商品推荐场景中为"远小于"）索引全集（即全部终端真实索引集的并集），因此在不损失隐私的前提下，安全联合子模型学习在效用上可以大幅超过安全联合学习这一基准。基于并集结果，每个参与终端生成一个随机索引集，替代和保护自己的真实索引集，并主要用于下载子模型和参与子模型更新的安全聚合等交互过程。进一步地说，随机索引集是通过应用两层随机回答（randomized response）和中间记忆（memoization）来生成的，其中随机回答的参数由终端本地设定。这一设计结合安全聚合使得终端保有对其是否真正打算下载和修改某行的抵赖性（即使终端参与多轮的联合子模型学习）。抵赖性的强度由终端自己调控，并可以使用本地差分隐私框架精准地衡量。同时，协调服务器从聚合修改中推断出参与终端真实意图的概率也被严格地分析。考虑到随机索引集的大小控制着终端的开销，终端真实索引集与随机索引集的交集，也称为"简洁索引集"，控制着用于终端本地训练的数据和子模型，因此终端在使用安全联合子模型学习协议时，可以精调隐私、高效性和有效性之间的平衡。

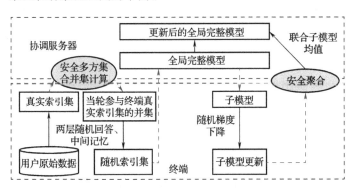

图 5-4　安全联合子模型学习协议的整体流程

本章实现的设计目标如图 5-5 所示，具体的核心贡献总结如下：

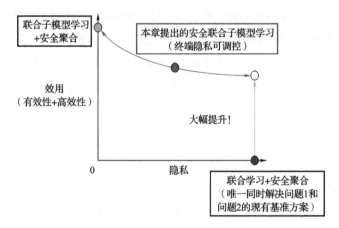

图 5-5　安全联合子模型学习实现的设计目标

- 首次提出了面向产业级移动端智能计算的联合子模型学习框架，进一步发现并解决了子模型框架下的隐私风险。

- 提出了安全联合子模型学习协议，赋予了终端对于其下载子模型和上传子模型更新中真实意图的抵赖性，从而保护数据隐私。作为基石，基于布隆过滤器、安全聚合和本地随机化，设计了高效可拓展的安全多方集合并集计算协议。该协议在实际中具有独立的价值。特别指出，安全多方集合并集计算具有广泛的应用场景，但却极少受到关注。由于存在难以承受的开销，尚未有可以实际部署的协议。

- 面向阿里巴巴电商推荐场景实现了原型系统，考虑推荐场景下经典的点击率（Click-Through Rate，CTR）预估任务，模型采用深度兴趣网络，数据为 30 天的手机淘宝用户数据。当每轮所选终端的数量为 100 时，主要的实验结果总结如下：①相比发散的联合学习（底层的联合均值算法），安全联合子模型学习（底层的联合子模型均值算法）将模型准确率 AUC（Area Under the Curve）提高了 7.2%；②当与安全联合学习处于相同的安全隐私程度时，相比安全联合学习，安全联合子模型学习能够在终端和云端都削减 80.05% 的通信开销，并分别削减 85.02% 和 72.51% 的计算开销，且分别削减 45.43% 和 63.77% 的内存开销；③在安全多方集合并集计算中，每个终端的通信开销小于 1 MB。此外，当终端退出率达到 20% 时，终端和云端服务器的计算开销都小于 40 秒；④当全局模型的规模进一步扩大时，子模型方案不会产生额外的开销，但是依赖全局模型的传统联合学习方案将不可行。

5.2 技术准备

本节首先针对 5.1.3 节中的隐私风险定义对应的安全隐私需求，然后介绍关于随机回答机制的细节。

首先引入本章常用的符号。用 m 行 d 列的二维矩阵 $\boldsymbol{W}$ 表示全局/完整模型。用 $\mathcal{S} = \{1, 2, \cdots, m\}$ 表示 $\boldsymbol{W}$ 的完整（行）索引集。用 $\mathcal{C}$ 表示任意一轮的联合子模型学习中被协调服务器选中的 n 个终端。对于终端 $i \in \mathcal{C}$，用 $\mathcal{S}^{(i)} \subset \mathcal{S}$ 表示它的真实索引集，并用 $\boldsymbol{W}_{\mathcal{S}^{(i)}}$ 表示它真实所需的子模型，这也意味着，终端 i 的用户数据（直观地说，用户数据在本地训练后会更新）涉及 $\boldsymbol{W}$ 中（行）索引属于 $\mathcal{S}^{(i)}$ 的那些行。

5.2.1 安全隐私需求

首先，针对终端与不可信的协调服务器交互会泄露真实索引集的问题，本章考虑每个终端应该对某个索引是否属于其真实索引集保有抵赖性。为了度量抵赖性的强度，本章引入本地差分隐私框架。本地差分隐私是经典的差分隐私框架针对本地设置的变种。具体而言，在本地差分隐私中，终端分布式地对数据/计算执行随机化操作，而差分隐私需要依赖数据管理者作为可信的实体进行集中式干扰。因此，在本地差分隐私框架下，终端数据的隐私保护不仅针对外部的攻击者，还针对不可信的数据管理者，例如联合子模型学习中的协调服务器。基于本地差分隐私的群体统计方法已经在产业界（例如谷歌[135-136]、苹果[137] 和微软[138] 等）广泛部署，并受到了学术界的广泛关注[139-142]。下面介绍本地差分隐私的正式定义。

定义5.1　对于随机化机制 M，来自终端任意的一对输入 x 和 y，对于 M 有任意一个可能的输出 z，如果保证

$$\frac{\Pr(M(x)=z)}{\Pr(M(y)=z)} \leq \exp(\epsilon) \tag{5-1}$$

则 M 保证了 ϵ 程度的本地差分隐私。ϵ 是由终端控制的隐私预算，ϵ 越小则隐私保护越强。

直观地说，本地差分隐私表示，给定某个终端不同的输入，随机化机制的输出分布不会发生太大变化。因此，本地差分隐私形成了一种可抵赖性，即无论什么输出被透露，该输出来自两个不同输入的可能性相近。当本地差分隐私用于在联合子模型学习中隐藏某个索引的成员性时，输入和输出都是布尔类型，其中可能的输入是两种状态，即某个索引属于或不属于终端的真实索引集；可能的输出也是两种状态，即某个索引属于或不属于终端透露的索引集。可以检查到，传统联合学习保证了最强的抵赖性，具体保证了对于每个终端 $\epsilon = \ln(1/1) = 0$ 程度的本地差分隐私。原因是无论一个索引是否属于终端的真实索引集（即不同的输入），这个索引都肯定在该终端透露的索引集中，即相同的输出"属于"。相比之下，联合子模型学习保证了最弱的抵赖性，具体实现了对于每个终端 $\epsilon = \ln(1/0) = \infty$ 程度的本地差分隐私。原因在于，如果一个索引属于终端的真实索引集，则这个索引肯定在终端透露的索引集中，即输出"属于"的概率为1；如果一个索引不属于终端的真实索引集，则这个索引肯定不在

透露的索引集中，即输出"属于"的概率为 0。

其次，针对在任意一轮联合子模型学习中安全聚合错位的子模型更新，本章考虑被挑选参与的终端能够调控隐私保护的程度，而不是简单地选取极端的方案，即安全联合学习与联合子模型学习结合安全聚合。下面定义终端可调控的隐私保护机制。

定义 5.2 对于子模型更新的聚合，如果参与终端能够控制下面两个事件发生的概率，则该隐私保护机制是终端可调控的。

- **事件 1**：从安全聚合的子模型更新中，协调服务器确定某个索引属于某个终端，并知道终端针对该索引的具体更新。

- **事件 2**：从安全聚合的子模型更新中，协调服务器确定某个索引不属于某个终端。

如果将泄露终端对于某个索引的真实意图（即事件 1 或者事件 2 发生）看作违背了关于这个索引的抵赖性，则定义 5.2 可以看作本地差分隐私（定义 5.1）在安全聚合子模型更新阶段的补充。如果将泄露单个终端的子模型更新看作模型反演攻击或成员推断攻击（以恢复该终端的私密数据或成员性）的前提，则定义 5.2 可以从抵御单个终端攻击的角度进行阐释。根据定义 5.2，首先检查安全联合学习。如果至少两个终端参与，则事件 1 的概率为 0；对于那些属于参与终端真实索引集并集的索引，事件 2 的概率依然是 0，而对于一个不属于并集的索引，事件 2 的概率趋近 1。原因是针对这个索引，尽管每个参与终端都提交了零向量（从聚合产生的零向量）的更新，在排除偶然罕见的情况下，协调服务器几乎可以肯定所有参与的终端都没有这个索引。对于直接将联合子模型学习与安全聚合结合的方案，事件 1 的概率完全取决于终端上用户数据的异质性，而事件 2 的概率与安全联合学习中的相同。

5.2.2　随机回答

随机回答机制是由 Warner 在 1965 年提出的一种在社会科学领域用于收集关于敏感问题回答的调查统计技术[143]。受众希望能保护回答的隐私。一个经典的例子是调查关于"你是否是独生子女"的问题。对于这个问题，每个受众私下抛一枚无偏的硬币，如果硬币背面朝上，则真实回答；否则再抛一次硬币，如果正面朝上则回答"是"，否则回答"否"。因此，一名独生子女分别以 75% 和 25% 的概率回答"是"和"否"，而一名非独生子女则分别以 25% 和 75% 的概率回答"是"和"否"。

随机回答机制能够保证对于回答"是"和"否"的抵赖性。一名独生子女可以将回答"是"归因于第一次和第二次抛的硬币都朝上，该事件发生的概率为 25%。同时，一名非独生子女可以将回答"否"归因于第一次硬币朝上而第二次硬币朝下，该事件发生的概率依然是 25%。进一步地说，单次随机回答的不可抵赖性可以通过本地差分隐私框架精准地度量。具体而言，不管攻击者具有任何先验知识，单次随机回答都能保证$\epsilon = \ln(75\%/25\%) = \ln3$程度的本地差分隐私。

5.3 协议设计

本节阐述安全联合子模型学习协议的设计原理和设计细节。

5.3.1 设计原理

本小节主要通过阐述如何解决 5.1.4 节中抽象出的两个基本问题，以及如何解决多个实用性相关的难题来阐述设计原理。

如图 5-6 所示，安全联合子模型学习协议以统一而非独立分开的方式解决两个基本问题。在下载和上传阶段，终端始终使用一个随机索引集替换真实索引集。相比之下，在本地训练阶段，终端使用真实索引集与随机索引集的交集，即简洁索引集，来准备用于本地训练的简洁子模型和数据。通过随机索引集，终端保有对于某个索引是否属于自己真实索引集的抵赖性。具体地说，终端本地使用随机回答机制生成随机索引集。协调服务器询问每轮参与终端的敏感问题是"你是否拥有某个索引?"。然后，终端根据这个索引是否属于自己的真实索引集，以两个自定义的条件概率回答"是"。

通过调整这两个概率参数，终端可以精调抵赖性与效用之间的平衡。

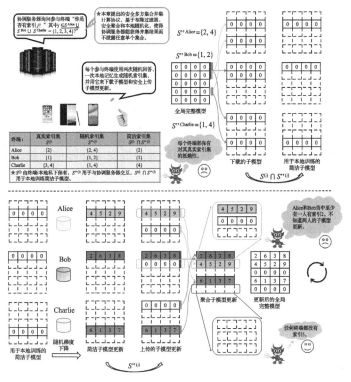

图 5-6 安全联合子模型学习的设计原理

注：Alice、Bob 和 Charlie 的随机索引集分别是 {2, 4}、{1, 2} 和 {1, 4}。对于索引 2，Alice 提交了更新（4，5，2，9），Bob 假装提交了零向量作为更新，而 Charlie 没有提交。安全聚合保证了不可信的协调服务器只获得 Alice 更新和 Bob 更新的和（4，5，2，9），但不知道两者中任意一个人的更新。因此，协调服务器只能推断出 Alice 和 Bob 中至少有一人有索引 2。由于抵赖性保证，协调服务器也不能确定 Charlie 的状态。

进一步检查索引集随机化方法对于解决两个基本问题的可行性。针对在下载阶段的第一个基本问题，如果终端真正打算（或不打算）下载某一行，实际上它也下载了（或没有下载）该行，终端可以将自己的行为归因于随机性，即该行索引不属于（或属于）自己的真实索引集返回了"是"（或"否"）的回答。至于在上传阶段的第二个基本问题，随机索引集的使用依然使得终端能够抵赖它是否真正打算修改或者不修改。此外，某一行由两组不同的终端参与聚合修改，其中第一组包括真正打算修改的终端并提交了非零值的修改，第二组包括不打算修改的终端，但通过提交零值的修改来假装自己打算修改。在安全聚合性质的保证下，尽管不可信的协调服务器观察到聚合修改，但是它很难揭露任意单个终端的修改内容并进一步推断出某个终端原本是否打算进行修改。难度由这两组终端的数量来控制，或者取决于一个索引是否属于真实索引集返回回答"是"的概率。正如定义 5.2 所需要的，这两个概率完全由终端调控。

除了两个基本问题，在上述的索引集随机化方法真正能够应用到联合子模型学习之前，还有两个实际的问题需要解决。第一个问题是协调服务器对索引全集中的每个索引都询问"你有某个索引？"是否实际可行且必要，这也是传统联合学习底层所采用的方式。例如，代表淘宝完整推荐模型的矩阵有 20 亿行。因此，让终端回答 20 亿规模的问题并下载和安全上传那些回答"是"的行是不切实际的。出于实用高效性的考虑，我们将问卷的范围缩小至充分必要的范围，即 n 个被挑选终端真实索引集的并集。鉴于索引全集是所有终端真实索引集的并集，n 个参与终端真实索引集的并集通常远小于索引全集。上述优化是被一个观察所启发的，即如果终端真实索引集的大小为 300，索引全集的大小为 20 亿，采用独生子女调查中的概率参数设置，获得回答"是"的数量为 $300\times75\%+(2\times10^9-300)\times25\%\approx5\times10^8$。这一计算表明在获得回答"是"的索引中占主导的是那些实际上不属于真实索引集但由于随机化获得回答"是"的索引。然而，大部分不属于真实索引集但回答"是"的索引是无用的。具体地说，对于那些不属于任何参与终端的真实索引集的索引（例如，图 5-6 的索引 5），尽管部分（期望上有 25%）参与终端由于随机化提交了零值向量，不可信的协调服务器依然可以从聚合出的零值向量中推测出这些终端实际上没有这些索引。使用并集，将 n 设置为 100，并重新计算期望上回答"是"的数量，结果为 $300\times75\%+(100\times300-300)\times25\%\approx8\times10^3$。这意味着并集的使用避免了大量不必要的索引，因此安全联合子模型学习可以在不损失隐私的情况下大幅提升高效性。

随着第一个实际问题而来的一个基本且颇具挑战的问题是，多个参与终端如何在不可信协调服务器作为中继的情况下获得它们真实索引集的并集，而不泄露任意单个终端的真实索引集，即需要安全多方集合并集计算协议。考虑到已有的设计无法满足联合子模型学习框架"终端-协调服务器-终端"的通信设置，且无法支持集合元素所在空间的大规模性（例如淘宝 20 亿量级的商品标识），本章设计了基于布隆过滤器、安全聚合和本地随机化的协议。具体而言，每个被选中的终端将自己的真实索引集表示成一个布隆过滤器。布隆过滤器的使用摆脱了对集合元素所在空间的依赖。此外，不同于传统的方式（通过对多个布隆过滤器进行按位"或"操作来计算所表示集合的并集），本章设计的协议让协调服务器直接"累加"来自多个终端的布隆过滤器。值得注意的是，在存在不可信中继的条件下，安全多方求和计算可以通过安全聚合协议高效地实现。聚合后的布隆过滤器本质上是一个计数布隆过滤器。这意味着除了成员信息（即是否存在终端拥有某个索引）之外，它还包含了并集中每个索引的计数（即多少个终端拥有某个索引）。为了隐匿计数信息，本章让每个终端将其布隆过滤器中的比特 1 替换成一个随机整数而保持其他的比特 0 不变。除了隐匿计数问题，还需要考虑如何从聚合布隆过滤器中恢复并集结果。最朴素的做法是对索引全集进行成员测试。该做法不仅开销巨大，还会在并集中引入多个假阳性的索引。为了解决该问题，本章引入了二次安全多方"划分"并集计算。具体来说，协调服务器先将索引全集划分成特定数量的组，然后让这些终端用比特向量来表示它们的真实索引集中是否存在索引落入这些组中。与安全多方集合并集计算一样，协调服务器可以得知哪些组里包含参与终端的真实索引，并用于辅助上述的并集恢复。

第二个实际问题是当终端被挑选参与多轮的联合子模型学习时，如何保证在时间维度上的纵向隐私。最初版的随机回答机制只有在受众面对相同的问题只回答一次的情况下才能提供严格的本地差分隐私保证。换句话来说，将随机回答直接应用到联合子模型学习，要求终端只能参与一轮，并且针对每个索引只回复一次。因此，该机制需要拓展到终端多轮参与的情况，并需要重点支持终端对于同一个索引多次重复的回答。拓展设计主要利用了 RAPPOR（Randomized Aggregatable Privacy-Preserving Ordinal Response）[135] 的核心原理，采用了两层随机回答和中间记忆的设计思路。对于任意一个新索引，终端内层（永久）随机回答的结果将被保存在本地，并将永久地替换其真实状态，之后再参与外层（暂时）随机回答，并生成最终的随机索引集。这可以保证尽管终端回答了关于某个索引成员性的问题无穷次，终端依然能保有对于其真实回答的抵赖性，其中抵赖性强度的下界由本地记忆的随机回答的隐私程度保证。

5.3.2　设计细节

本小节以自顶向下的方式介绍安全联合子模型学习协议的设计细节，首先概览顶层的设计，然后介绍两个底层模块，分别是随机索引集生成和安全多方集合并集计算。

5.3.2.1 安全联合子模型学习

首先回顾传统联合学习底层默认的分布式优化算法，称为联合均值[16]。协调服务器每轮重启一次联合学习过程，并随机地挑选一些合适的终端本地训练最新的全局完整模型。然后，协调服务器加权聚合完整模型的更新（其中某个参与终端的权重正比于其本地训练数据集的大小），并将聚合的模型更新加到全局模型上。

下面介绍安全联合子模型学习协议，整体流程如算法 5-1 所示。从宏观层面来看，协议通过将底层的联合均值算法拓展至联合子模型均值以支持无偏的子模型协同优化。此外，在考虑移动终端设备资源受限且网络连接不稳定的特点下，安全联合子模型学习协议满足了预期的安全隐私需求。

算法 5-1 安全联合子模型学习

/* 协调服务器的进程 */
1　初始化全局模型 W；
2　**foreach** 通信轮 **do**
3　　随机选取 n 个在线的终端，表示为 $\mathcal{C}$；
4　　调用安全多方集合并集计算（算法 5-3），得到 n 个参与终端真实索引集的并集，即 $\bigcup_{i \in \mathcal{C}} \mathcal{S}^{(i)}$，然后将并集结果发送给实时在线的终端们 $\hat{\mathcal{C}} \subset \mathcal{C}$；
5　　**foreach** 实时在线的终端 $i \in \mathcal{C}$ **do**
6　　　接收并存储终端 i 的随机索引集 $\mathcal{S}''^{(i)}$，并返回子模型 $W_{\mathcal{S}''^{(i)}}$ 与训练超参数给终端 i；

7	**foreach** $j \in \bigcup\limits_{i \in \mathcal{C}} \mathcal{S}^{(i)}$ **do**
8	确定涉及索引 j 的在线参与终端集合,即 $\hat{\mathcal{C}}_j = \{i \mid i \in \hat{\mathcal{C}} \land j \in \mathcal{S}''^{(i)}\}$,让它们提交用于安全聚合的材料,并获得(加权)更新的和 $\sum\limits_{i \in \hat{\mathcal{C}}_j} \Delta \boldsymbol{W}_j^{(i)}$ 以及涉及 j 的样本总量 $\sum\limits_{i \in \hat{\mathcal{C}}_j} \boldsymbol{v}_j^{(i)}$;
9	更新全局模型 $\boldsymbol{W}$ 的第 j 行,具体方式为加上 $\sum\limits_{i \in \hat{\mathcal{C}}_j} \Delta \boldsymbol{W}_j^{(i)} / \sum\limits_{i \in \hat{\mathcal{C}}_j} \boldsymbol{v}_j^{(i)}$;

/* 终端 i 的进程 */

10 根据本地数据,提取出真实索引集 $\mathcal{S}^{(i)}$;

11 参与安全多方集合并集计算(算法 5-3);

12 生成一个随机索引集 $\mathcal{S}''^{(i)}$(算法 5-2);

13 使用随机索引集 $\mathcal{S}''^{(i)}$ 下载子模型 $\boldsymbol{W}_{\mathcal{S}''^{(i)}}$;

14 根据简洁索引集 $\mathcal{S}''^{(i)} \cap \mathcal{S}^{(i)}$,从下载的子模型 $\boldsymbol{W}_{\mathcal{S}''^{(i)}}$ 中提取出简洁子模型 $\boldsymbol{W}_{\mathcal{S}''^{(i)} \cap \mathcal{S}^{(i)}}$,将涉及简洁索引集的本地数据作为简洁训练集;

15 在超参数的设定下,训练简洁子模型 $\boldsymbol{W}_{\mathcal{S}''^{(i)} \cap \mathcal{S}^{(i)}}$,获得简洁子模型的更新 $\Delta \boldsymbol{W}_{\mathcal{S}''^{(i)} \cap \mathcal{S}^{(i)}}$;

16 使用随机索引集 $\mathcal{S}''^{(i)}$ 准备待提交的子模型 $\Delta \boldsymbol{W}_{\mathcal{S}''^{(i)}}$,初始化所有元素为零,并加上简洁子模型的更新 $\Delta \boldsymbol{W}_{\mathcal{S}''^{(i)} \cap \mathcal{S}^{(i)}}$;

17 统计简洁训练集中涉及每个索引 $j \in \mathcal{S}''^{(i)}$ 的数据量,并将结果保存在向量 $\boldsymbol{v}_{\mathcal{S}''^{(i)}}$ 中;

18 提前加权 $\Delta \boldsymbol{W}_{\mathcal{S}''^{(i)}}$,将每行乘以 $\boldsymbol{v}_{\mathcal{S}''^{(i)}}$ 中对应的数据量;

19 提交用于安全聚合 $\Delta \boldsymbol{W}_{\mathcal{S}''^{(i)}}$,$\boldsymbol{v}_{\mathcal{S}''^{(i)}}$ 的材料。

在初始化阶段,协调服务器随机初始化全局模型(第 1

行)。在每轮的联合子模型学习中,协调服务器挑选 n 个在线的终端(第 2、3 行),并在整轮中实时地维护在线参与终端的集合 $\hat{\mathcal{C}}$。被选中的终端基于本地数据决定自己的真实索引集(第 10 行)。真实索引集主要用于指定真实所需子模型的位置。例如,如果一个淘宝用户的本地数据涉及的商品标识包括 $\{1, 2, 4\}$,那么该用户需要商品标识嵌入矩阵的第 1、第 2 和第 4 行,这也意味着真实索引集应该包括 $\{1, 2, 4\}$。然后,协调服务器通过安全多方集合并集计算协议获得参与终端真实索引集的并集,同时隐藏单个终端的真实索引集(第 4、11 行)。并集结果被返回给在线参与的终端,并被用于生成随机索引集,从而实现面向协调服务器个性化的本地差分隐私(第 12 行)。每个在线参与的终端使用随机索引集而非真实索引集,下载子模型并安全上传子模型的更新(第 13、19 行)。在收到来自某个终端的随机索引集后,协调服务器将它保存以便后续使用,并返回对应的子模型和训练超参数给该终端(第 6 行)。

根据真实索引集与随机索引集的交集,即简洁索引集,终端提取出简洁子模型并将其涉及的本地数据作为简洁训练集(第 14 行)。例如,如果一个淘宝用户的真实索引集为 $\{1, 2, 4\}$,随机索引集为 $\{2, 4, 6, 9\}$,该用户从协调服务器收到了以 $\{2, 4, 6, 9\}$ 为索引的子模型,但只需要使用本地涉及商品标识 $\{2, 4\}$ 的数据,同时训练以 $\{2, 4\}$ 为索引的子模型。在使用给定的超参数进行本地训练后,终端获得了简洁子模型的更新（第15行）。随后，终端使用随机索引集准备待提交的子模型更新。具体来说，针对简洁索引集，终端使用简洁子模型的更新；而针对其他索引，终端使用零向量进行填充（第16行）。为了帮助协调服务器以索引相关的本地样本量加权平均多个子模型更新（称为联合子模型均值），每个参与终端还需要针对自己随机索引集中的每个索引，统计简洁训练集中涉及该索引的样本量，并将结果保存在计数向量中（第17行）。特别指出，那些在简洁索引集之外的索引，样本量都为零。具体而言，每个参与终端提前加权待提交的子模型更新，将每行乘以对应的样本量，即权重（第18行）。

在服务器的协调下，在线参与终端的加权子模型更新和计数向量并排地被安全聚合（第7-9、19行）。具体地说，协调服务器通过列举参与终端真实索引集并集中的每个索引来引导安全聚合：①协调服务器首先确定哪些在线参与终端的随机索引集包含这个索引；②让这些终端提交用于安全累加该索引对应的加权更新和样本量的材料（第8行）；③将聚合更新应用到全局模型的这一行，具体通过加上加权更新的和除以样本量的和。鉴于加权子模型更新与计数向量并排地被聚合，在实际准备安全聚合相关的材料时（第19行），每个参与终端可以扩充表示加权子模型更新的矩阵并将转置的计数向量放在最后一列。此外，为了削减协调服务器与每个参与终端之间通信交互的次数，它们实际可以打包安全聚合相关的所有材料，而非每个索引交互一次（第7~9行）。具体来说，协调服务器并行地针对每个在线参与的终端 $i \in \hat{\mathcal{C}}$ 执行第7行和第8行，然后针对并集中的每个索引 $j \in \bigcup_{i \in \mathcal{C}} \mathcal{S}^{(i)}$ 执行第9行。

5.3.2.2　随机索引集生成

接下来介绍终端在每次参与联合子模型学习时如何生成随机索引集。图5-7示意了整体流程。

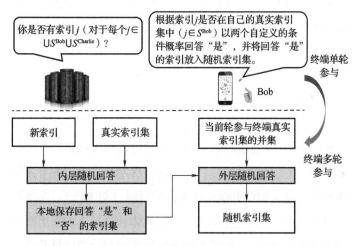

图5-7　随机索引集生成

注：虚线上面展示终端参与一轮联合子模型学习，下面展示向多轮参与的拓展。

首先阐述支持终端参与单轮的基本设计。协调服务器调查的敏感问题是"某个索引是否在你的真实索引集中?"。一轮联合子模型学习中所有参与的终端构成了被调查的群体，同时它们真实索引集的并集作为"问卷"充分必要的范围。给定了问卷，终端 i 利用随机回答机制返回"是"与"否"，并将回答"是"的索引放入自己的随机索引集中。终端 i 主要通过调整随机回答机制中的两个概率参数 $p_1^{(i)}$、$p_2^{(i)}$ 来平衡有效性、高效性和隐私保护。具体而言，$p_1^{(i)}$ 表示终端 i 真实索引集中的索引返回"是"的概率，控制着终端 i 实际贡献给联合子模型学习的数据量。从模型收敛速率来说，更大的 $p_1^{(i)}$ 一般意味着更好的有效性；$p_2^{(i)}$ 表示一个不属于终端 i 真实索引集的索引返回"是"的概率，决定着下载冗余行的行数以及通过安全聚合上传零向量的数量。因此，给定 $p_1^{(i)}$，越小的 $p_2^{(i)}$ 意味着更高的效率。进一步地说，$p_1^{(i)}$ 和 $p_2^{(i)}$ 共同调整本地差分隐私的程度，其中一对更相近的 $p_1^{(i)}$、$p_2^{(i)}$ 可以保证更强的本地差分隐私。下面来看 3 个典型的方案：①在独生子女身份调查中，每个受众采用 $p_1^{(i)}=75\%$，$p_2^{(i)}=25\%$；②传统联合学习使用索引全集作为协调服务器问卷的范围。每个终端采用 $p_1^{(i)}=p_2^{(i)}=1$。因此，联合学习可以保证最强的本地差分隐私和有效性[⊖]，但是效率最差；③在联合子模型学习中，每个终端采用 $p_1^{(i)}=1$，$p_2^{(i)}=0$。因此，联合子模型学习可以保证最好的有效性和效率，但是本地差分隐私

⊖　这里只考虑每个终端本地训练实际使用的数据量，暂不考虑由于联合均值聚合子模型更新造成的偏差。

最差。

进一步地说，拓展基本设计以支持终端 i 参与多轮联合子模型学习，关键是支持终端对于任何索引的重复回答。如算法 5-2 所示，终端 i 维护着在内层随机回答中分别返回"是"和"否"的两个索引集（输入）。内层随机回答由上文介绍的 $p_1^{(i)}$ 和 $p_2^{(i)}$ 进行参数化设置。鉴于一个终端在不同轮的联合子模型学习中可能与不同的终端成组，同时不同轮参与终端真实索引集的并集往往不同，终端需要处理新的索引。在某一轮的联合子模型学习中，针对任何一个新索引（第 2 行），终端 i 首先根据它是否属于自己的真实索引集，生成一个永久的随机化回答（第 3~6 行）。终端 i 随后更新两个本地记忆的索引集（第 7~10 行）。基于本地记忆的参与终端真实索引集并集的永久回答，终端 i 通过对并集进行外层随机回答生成最终的随机索引集（第 11~16 行）。外层随机回答由另外两个概率参数 $p_3^{(i)}$、$p_4^{(i)}$ 进行参数化，类似于外层随机回答中的 $p_1^{(i)}$、$p_2^{(i)}$。现在，这 4 个概率参数共同调控有效性、高效性和隐私保护。具体而言，$p_5^{(i)} = p_1^{(i)}(p_3^{(i)} - p_4^{(i)}) + p_4^{(i)}$ 表示某个索引属于终端 i 的真实索引集最后返回"是"的概率，与基本设计中 $p_1^{(i)}$ 的功能相同；而 $p_6^{(i)} = p_2^{(i)}(p_3^{(i)} - p_4^{(i)}) + p_4^{(i)}$ 表示一个索引不属于终端 i 的真实索引集最后返回"是"的概率，与基本设计中 $p_2^{(i)}$ 的作用相同。关于 $p_5^{(i)}$、$p_6^{(i)}$ 的具体推导过程请见 5.4.1 小节。

算法 5-2　终端 i 的随机索引集生成

输入：终端 i 的真实索引集 $\mathcal{S}^{(i)}$；当轮参与终端真实索引集的并集 $\bigcup\limits_{i \in \mathcal{C}} \mathcal{S}^{(i)}$；终端 i 的本地记忆在内层（永久）随机回答"某个索引是否在你的真实索引集中？"这个问题时获得"是"与"否"的索引集合，分别表示为 $\mathcal{Y}^{(i)}$ 和 $\mathcal{N}^{(i)}$ 并初始化为空集 $\varnothing$；终端 i 自定义的概率参数 $0 \leqslant p_1^{(i)}$，$p_2^{(i)}$，$p_3^{(i)}$，$p_4^{(i)} \leqslant 1$。

输出：终端 i 经两层随机回答后的索引集 $\mathcal{S}''^{(i)}$

1 　$\mathcal{S}'^{(i)} = \varnothing$，$\mathcal{S}''^{(i)} = \varnothing$；
　　//内层（永久）随机回答

2 　**foreach** $j \in \bigcup\limits_{i \in \mathcal{C}} \mathcal{S}^{(i)} \wedge j \notin \mathcal{Y}^{(i)} \cup \mathcal{N}^{(i)}$ **do**

3 　　**if** $j \in \mathcal{S}^{(i)}$ **then**

4 　　　以概率 $p_1^{(i)}$ 将 j 加入至 $\mathcal{S}'^{(i)}$；

5 　　**else**

6 　　　以概率 $p_2^{(i)}$ 将 j 加入至 $\mathcal{S}'^{(i)}$；

　　　// 记忆永久回答

7 　　**if** $j \in \mathcal{S}'^{(i)}$ **then**

8 　　　$\mathcal{Y}^{(i)} = \mathcal{Y}^{(i)} \cup j$；

9 　　**else**

10 　　　$\mathcal{N}^{(i)} = \mathcal{N}^{(i)} \cup j$;

　　//外层（临时）随机回答

11 　**foreach** $j \in \bigcup\limits_{i \in \mathcal{C}} \mathcal{S}^{(i)}$ **do**

12 　　**if** $j \in \mathcal{Y}^{(i)}$ **then**

13 　　　以概率 $p_3^{(i)}$ 将 j 加入至 $\mathcal{S}''^{(i)}$；

14 　　**else**

15 　　　以概率 $p_4^{(i)}$ 将 j 加入至 $\mathcal{S}''^{(i)}$；

16 　**return** $\mathcal{S}''^{(i)}$

5.3.2.3 安全多方集合并集计算

最后介绍安全多方集合并集计算模块。本部分首先简要回顾已有的设计，并指出其在联合子模型学习框架下的不可行性，然后展示所提出的新设计。

安全多方集合并集计算在实际中具有广泛潜在的应用场景，例如安全汇聚多个私有的数据库/数据集而不泄露单个数据库/数据集。根据集合表示方式，已有的设计大体上被分为两类，分别是基于多项式的设计[144-148]和基于布隆过滤器的设计[149-151]。在基于多项式的安全多方集合并集计算协议中，一个集合的元素被表示为一个多项式的根，而两个集合的并集被等价地转化为两个多项式的乘积。在基于布隆过滤器的协议中，集合并集操作通常被转化为对它们的布隆过滤器进行按位"或"操作，而逻辑"或"操作可以进一步地被转化为比特加和比特乘操作。为了秘密地进行加和乘操作，上述两种协议主要依赖安全两方/多方计算，或者将安全计算外包给互不篡谋的多个服务器。由于难以承受的开销，现有的安全多方集合并集计算协议尚未被实际部署。除了低效率之外，这些协议的基本设置也区别于联合子模型学习的设置，即不同终端不能直接通信也不能互相验证，必须要通过一个不可信的协调服务器作为通信中继。此外，集合的元素可能来自一个 10 亿量级的空间，而这也是已有工作尚未研究的。

鉴于已有协议的不可行性以及联合子模型学习的非典型设置，本章提出了新的安全多方集合并集计算协议。如图5-8和算法5-3所示，一轮联合子模型学习中被挑选的每个终端首先将自己的真实索引集表示为一个布隆过滤器（第3行）。关于如何设置布隆过滤器的参数请参见文献［152-154］。每个参与终端本地随机化自己的布隆过滤器，具体地说，将每个比特1替换成$Z_R = \{0, 1, \cdots, R-1\}$中的随机数，而保持比特0不变（第4行）。所有参与终端使用它们随机化的布隆过滤器（而非原始的）参加安全聚合（第7行）。在安全聚合性质的保证下，不可信的协调服务器只知道随机化布隆过滤器的和（第8行），而无法得知任意单个的随机化布隆过滤器。这在聚合过程中保护了原始的布隆过滤器以及底层每个参与终端的真实索引集。进一步地说，本地随机化操作保证了聚合后的整数向量只包含必要的成员信息，即某个索引是否在参与终端真实索引集的并集中，同时隐匿了不必要的计数信息。换句话来说，不可信的协调服务器只能知道是否存在终端拥有某个索引，而无法得知存在多少个终端拥有这个索引，这恰恰实现了安全多方集合并集计算的目标。假设原始的布隆过滤器不经过本地随机化直接进行安全聚合，则聚合后的布隆过滤器本质上是一个计数布隆过滤器，等价于重新构造一个空的计数布隆过滤器，然后顺序地加入每个参与终端的真实索引集。除了预想的成员信息外，计数布隆过滤器还包含了计数信息，而这对于安全多方集合并集计算来说是不希望出现的信息泄露。总的来说，本章所提出的安全多方集合并集计算协议以一种全新的方式进行架构，即首先本地随机化然后秘密累加，使用了计数布隆过滤器作为跳板，但隐藏了非必要的计数信息。因此，新设计避免了昂贵的秘密乘法操作，而这恰恰是通过对多个布隆过滤器进行按位"或"操作以获得所表示集合的并集这一传统思路的瓶颈。

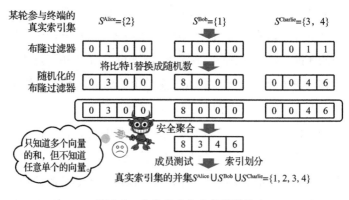

图 5-8　安全多方集合并集计算

算法 5-3　安全多方集合并集计算

1	协调服务器划分索引全集 $\mathcal{S}$ ；
2	**foreach** 参与终端 $i \in \mathcal{C}$ **do**
3	将自己的真实索引集 $\mathcal{S}^{(i)}$ 表示为一个布隆过滤器 $\boldsymbol{b}^{(i)}$ ；
4	随机化 $\boldsymbol{b}^{(i)}$ 至整数向量 $\boldsymbol{b}'^{(i)}$ ，其中将 $\boldsymbol{b}^{(i)}$ 中的每个比特 1 替换成 $\mathbb{Z}_R$ 中的随机数；

5	使用比特向量 $\boldsymbol{a}^{(i)}$ 表示 $\mathcal{S}^{(i)}$ 中是否存在索引落到索引全集 $\mathcal{S}$ 的划分中;
6	随机化 $\boldsymbol{a}^{(i)}$ 至整数向量 $\boldsymbol{a}'^{(i)}$，其中将 $\boldsymbol{a}^{(i)}$ 中的每个比特 1 替换成 $\mathbb{Z}_R$ 中的随机数;
7	提交用于安全聚合 $\boldsymbol{b}'^{(i)}$、$\boldsymbol{a}'^{(i)}$ 的材料;
8	协调服务器通过安全聚合获得 $\sum_{i \in \mathcal{C}} \boldsymbol{b}'^{(i)}$ 和 $\sum_{i \in \mathcal{C}} \boldsymbol{a}'^{(i)}$，恢复出并集结果 $\bigcup_{i \in \mathcal{C}} \mathcal{S}^{(i)}$，并将并集结果发送给每个在线的参与终端 $i \in \hat{\mathcal{C}}$。

在获得随机化布隆过滤器的和之后，协调服务器通过对索引全集进行成员测试即可恢复出并集。然而这种朴素的方法在索引集全集的规模巨大时（例如在淘宝电商场景下处于20亿规模）会非常耗时。更糟的是，直接枚举的方法会在并集结果中引入大量的假阳性（即那些不属于并集的索引被错误地判断成属于），进一步导致下载和上传阶段产生不必要的冗余。为了解决这些问题，本章引入了安全多方划分并集计算以缩小并集恢复所采用的索引范围，从而规避索引全集。协调服务器首先将索引全集划分成特定量的组（第1行）。一个良好的划分算法需要平衡并集恢复所带来的效率提升与安全多方划分并集计算增加的开销。一种直接的划分策略是基于区间的划分，其中索引全集被顺序地划分成一些均长的区间。另一种划分策略是层次化的划分，并且通常需要面向具体的应用场景，根据划分的数量，决定所采用的层次/粒度。例如，电商推荐场景可以采用树状结构来划分商

品标识全集，其中可以利用商品种类信息来初始化树，并可以进一步通过学习的方法来优化树的结构；自然语言理解场景可以利用 WordNet 中的专家知识来构建词的语义层次结构[155-156]。给定了划分好的组，每个终端使用一个比特向量表示其真实索引集中是否存在索引落到这些组中（第5行）。与安全多方集合并集计算中隐藏计数一样，首先，终端将划分指示向量中的每个比特1替换成一个随机整数（第6行）。然后，协调服务器通过安全聚合获得随机化的划分指示向量的和，并找到非零元素在结果向量中所对应的划分组（第7、8行）。通过只针对这些划分组中的索引进行成员测试，协调服务器可以高效地恢复出并集结果并返回给所有在线的参与终端（第8行）。

5.4 理论分析

本章首先根据定义 5.1 和定义 5.2 分析了安全联合子模型学习协议的安全隐私，特别给出了协议的一个特殊实例，其中每个终端都使用参与终端真实索引集的并集作为随机索引集与其他参与方进行交互；同时证明了这个实例可以与安全联合学习这一基准保证相同程度的安全隐私；然后证明了所提出的安全多方集合并集计算的安全性；最后分析了协议的通信、时间和空间复杂度，并在保证相同的安全隐私程度的情况下与安全联合学习进行比较。

5.4.1 安全隐私分析

本小节根据定义 5.1 分析随机索引集生成算法的本地差分隐私保护程度，首先证明每轮参与终端真实索引集的并集是充分必要的输入，然后作为基石，分析了内层随机回答和单次外层随机回答的本地差分隐私。具体地说，这两项分别是随机索引集生成算法本地差分隐私保护程度的上界和下界。

引理 5.1 在任意一轮的联合子模型学习中，参与终端真实索引集的并集对于该轮中每个参与终端的随机索引集生成算法是充分必要的。

证明 首先证明必要性。考虑终端 i 和其他被挑中的终端 $\mathcal{C}\setminus\{i\}$。如果 $\mathcal{C}\setminus\{i\}$ 中任意一个终端想要保证关于其真实索引集的抵赖性，它需要终端 i 作为一个受众参与回答关于自己真实索引集的问题。这意味着终端 i 需要知道所有其他参与终端真实索引集的并集。进一步考虑终端 i 自己的真实索引集，终端 i 的问卷应该包含所有参与终端真实索引集的并集。将上述的推导应用于每个参与的终端 $\forall i \in \mathcal{C}$，可得全局的调查问卷应该包含所有参与终端真实索引集的并集。

然后证明充分性。考虑任何一个在并集之外的索引。在基准性的安全联合学习中，每个参与终端将针对该索引提交一个零向量。当协调服务器知道和是零向量时，它能够推断出所有参与终端都没有这个索引。直观的例子请见图 5-3a 中的索引5。从这个角度来看，安全联合子模型中也不需要保护任何并集之外的索引。假设并集之外的索引由于偶然因素被引入（例如，由于安全多方集合并集计算恢复并集时产生了假阳性）。一个关于隐私和高效性的有趣现象发生了[⊖]。一方面，安全联合子模型学习的隐私可以被增强，因为协调服务器只能确定那些回答"是"的终端实际上并没有这个索引，但由于抵赖性，它并不能知道其他参与终端的真实状态。另一方面，那些回答"是"的终端需要下载这一行，并且需要通过安全聚合上传一个零向量，这些都是无用的操作并且会增加开销。□

引理 5.2 针对终端 i 的内层随机回答，保证的本地差分隐私程度是 $\epsilon_\infty^{(i)} = \ln\left(\max\left(\dfrac{p_1^{(i)}}{p_2^{(i)}}, \dfrac{p_2^{(i)}}{p_1^{(i)}}, \dfrac{1-p_1^{(i)}}{1-p_2^{(i)}}, \dfrac{1-p_2^{(i)}}{1-p_1^{(i)}}\right)\right)$。

证明 考虑任意一个索引 $j \in \bigcup_{i\in\mathcal{C}} \mathcal{S}^{(i)}$。根据定义 5.1，我们需要考虑来自终端 i 任意可能的输入对以及内层随机回答任意可能的输出。具体而言，一对输入是索引 j 属于和不属于终端 i 的真实索引集，即 $j \in \mathcal{S}^{(i)}$ 和 $j \notin \mathcal{S}^{(i)}$。可能的输出是，$j$ 获得"是"和"不是"的随机化回答用于本地记忆，即 $j \in \mathcal{Y}^{(i)}$ 和 $j \in \mathcal{N}^{(i)}$。因此可以计算出给定不同的输入对获

⊖ 从模型性能的角度来看，假阳性不会影响有效性。因为终端用于本地训练的简洁索引集（即真实索引集和随机索引集的交集）只由真实索引集和随机索引集生成算法中的概率参数 $p_5^{(i)}$ 控制。

得某个内层随机回答输出的条件概率之间的比值：

$$\frac{\Pr(j \in \mathcal{Y}^{(i)} \mid j \in \mathcal{S}^{(i)})}{\Pr(j \in \mathcal{Y}^{(i)} \mid j \notin \mathcal{S}^{(i)})} = \frac{p_1^{(i)}}{p_2^{(i)}} \text{、} \quad \frac{\Pr(j \in \mathcal{Y}^{(i)} \mid j \notin \mathcal{S}^{(i)})}{\Pr(j \in \mathcal{Y}^{(i)} \mid j \in \mathcal{S}^{(i)})} = \frac{p_2^{(i)}}{p_1^{(i)}} \text{、}$$

$$\frac{\Pr(j \in \mathcal{N}^{(i)} \mid j \in \mathcal{S}^{(i)})}{\Pr(j \in \mathcal{N}^{(i)} \mid j \notin \mathcal{S}^{(i)})} = \frac{1-p_1^{(i)}}{1-p_2^{(i)}} \text{，以及} \frac{\Pr(j \in \mathcal{N}^{(i)} \mid j \notin \mathcal{S}^{(i)})}{\Pr(j \in \mathcal{N}^{(i)} \mid j \in \mathcal{S}^{(i)})} =$$

$\dfrac{1-p_2^{(i)}}{1-p_1^{(i)}}$。根据定义 5.1 可得本地差分隐私的保护程度 $\epsilon_{\infty}^{(i)}$：

$$\exp(\epsilon_{\infty}^{(i)}) = \max\left(\frac{p_1^{(i)}}{p_2^{(i)}}, \frac{p_2^{(i)}}{p_1^{(i)}}, \frac{1-p_1^{(i)}}{1-p_2^{(i)}}, \frac{1-p_2^{(i)}}{1-p_1^{(i)}}\right) \Rightarrow \epsilon_{\infty}^{(i)} = \ln\left(\max\left(\frac{p_1^{(i)}}{p_2^{(i)}},\right.\right.$$

$$\left.\left.\frac{p_2^{(i)}}{p_1^{(i)}}, \frac{1-p_1^{(i)}}{1-p_2^{(i)}}, \frac{1-p_2^{(i)}}{1-p_1^{(i)}}\right)\right) \text{。} \qquad \square$$

引理 5.3 针对终端 i 的单次外层随机回答，保证的本地差分隐私程度是：$\epsilon_1^{(i)} = \ln\left(\max\left(\dfrac{p_5^{(i)}}{p_6^{(i)}}, \dfrac{p_6^{(i)}}{p_5^{(i)}}, \dfrac{1-p_5^{(i)}}{1-p_6^{(i)}}, \dfrac{1-p_6^{(i)}}{1-p_5^{(i)}}\right)\right)$，

其中 $p_5^{(i)} = \Pr(j \in \mathcal{S}''^{(i)} \mid j \in \mathcal{S}^{(i)}) = p_1^{(i)}(p_3^{(i)} - p_4^{(i)}) + p_4^{(i)}$，$p_6^{(i)} = \Pr(j \in \mathcal{S}''^{(i)} \mid j \notin \mathcal{S}^{(i)}) = p_2^{(i)}(p_3^{(i)} - p_4^{(i)}) + p_4^{(i)}$。

证明 证明与定理 5.2 的证明类似。不同点在于，可能的输出是索引 j 是否属于最后生成的随机索引集，即 $j \in \mathcal{S}''^{(i)}$ 和 $j \notin \mathcal{S}''^{(i)}$。首先计算出两个条件概率 $p_5^{(i)}$ 和 $p_6^{(i)}$，分别表示给定索引 j 属于和不属于终端 i 的真实索引集，索引 j 落在最后生成的随机索引集中的概率。具体而言，$p_5^{(i)}$ 可以由下面的公式推导得出：

$$\Pr(j \in \mathcal{S}''^{(i)} \mid j \in \mathcal{S}^{(i)})$$

$$= \Pr(j \in \mathcal{S}''^{(i)} \mid j \in \mathcal{S}^{(i)}, j \in \mathcal{Y}^{(i)}) \Pr(j \in \mathcal{Y}^{(i)} \mid j \in \mathcal{S}^{(i)}) +$$
$$\Pr(j \in \mathcal{S}''^{(i)} \mid j \in \mathcal{S}^{(i)}, j \in \mathcal{N}^{(i)}) \Pr(j \in \mathcal{N}^{(i)} \mid j \in \mathcal{S}^{(i)}) \quad (5\text{-}2)$$
$$= \Pr(j \in \mathcal{S}''^{(i)} \mid j \in \mathcal{Y}^{(i)}) \Pr(j \in \mathcal{Y}^{(i)} \mid j \in \mathcal{S}^{(i)}) +$$
$$\Pr(j \in \mathcal{S}''^{(i)} \mid j \in \mathcal{N}^{(i)}) \Pr(j \in \mathcal{N}^{(i)} \mid j \in \mathcal{S}^{(i)})$$

$$= p_3^{(i)} p_1^{(i)} + p_4^{(i)} (1 - p_1^{(i)}) = p_1^{(i)} (p_3^{(i)} - p_4^{(i)}) + p_4^{(i)} \quad (5\text{-}3)$$

其中式（5-2）的成立性根据全条件概率可得，式（5-3）根据下面的观察，即给定 $j \in \mathcal{Y}^{(i)}$ 或 $j \in \mathcal{N}^{(i)}$，$j \in \mathcal{S}''^{(i)}$ 与 $j \in \mathcal{S}^{(i)}$ 是条件独立的，类似可得 $p_6^{(i)} = \Pr(j \in \mathcal{S}''^{(i)} \mid j \notin \mathcal{S}^{(i)}) = p_2^{(i)}$ $\left(p_3^{(i)} - p_4^{(i)}\right) + p_4^{(i)}$。基于 $p_5^{(i)}$ 和 $p_6^{(i)}$ 依然可以计算出给定不同的输入对获得不同外层随机回答输出的条件概率之间的比值，并推导出本地差分隐私的保护程度：$\epsilon_1^{(i)} = \ln\left(\max\left(\dfrac{p_5^{(i)}}{p_6^{(i)}}, \dfrac{p_6^{(i)}}{p_5^{(i)}}, \dfrac{1 - p_5^{(i)}}{1 - p_6^{(i)}}, \dfrac{1 - p_6^{(i)}}{1 - p_5^{(i)}}\right)\right)$。 $\qquad \square$

从上面的推导中可以发现，$p_5^{(i)}$ 和 $p_6^{(i)}$ 在外层随机回答中所起到的作用与 $p_1^{(i)}$ 和 $p_2^{(i)}$ 在内层随机回答中的作用类似。这一结论已在设计部分给出，并在这里进行了正式的证明。结合引理 5.2 和引理 5.3，下面给出随机索引集生成算法保证的本地差分隐私程度。

定理 5.1 当终端 i 参与任意轮的联合子模型学习时，随机索引集生成算法可以保证 $\epsilon^{(i)}$ 程度的本地差分隐私，其

中 $\epsilon_1^{(i)} \leqslant \epsilon^{(i)} \leqslant \epsilon_\infty^{(i)}$。

证明 假设终端 i 参与 k 轮的联合子模型学习，随机索引集生成算法保证 $\epsilon_k^{(i)}$ 程度的本地差分隐私。终端 i 生成 k 次的外层随机回答。一方面，假设攻击者（例如协调服务器）只利用第 k 次的外层随机回答而忽略之前所有的 $k-1$ 次外层随机回答，这对应着最强的本地差分隐私，即 $\epsilon_k^{(i)}$ 的下界。根据引理 5.3，单次外层随机回答保证 $\epsilon_1^{(i)}$ 程度的本地差分隐私。因此，可得 $\epsilon_1^{(i)} \leqslant \epsilon_k^{(i)}$。另一方面，假设攻击者利用所有 k 次的外层随机回答，且当 k 趋近于正无穷时，最坏的情况是攻击者恢复出了（用于本地记忆的）内层随机回答，这对应着最弱的本地差分隐私，即 $\epsilon_k^{(i)}$ 的上界。根据引理 5.2，内层随机回答可以保证 $\epsilon_\infty^{(i)}$ 程度的本地差分隐私。因此，可得 $\epsilon_k^{(i)} \leqslant \epsilon_\infty^{(i)}$。定理证毕。 $\square$

事实上，为了推导出当终端 i 被挑选参与 k 轮联合子模型学习时随机索引集生成算法所保证的本地差分隐私程度 $\epsilon_k^{(i)}$ 的具体形式，需要对攻击者如何有效地利用所有 k 次外层随机回答推断内层随机回答做出额外的假设。本章将该探索性问题作为未来工作。此外，如果终端 i 设置 $p_1^{(i)} = p_2^{(i)} = p_3^{(i)} = p_4^{(i)} = 1$，则 $p_5^{(i)} = p_6^{(i)} = 1$，$\epsilon_1^{(i)} = 0$，$\epsilon_\infty^{(i)} = 0$，以及 $\epsilon^{(i)} = 0$。这对应着参与终端真实索引集并集中的任意一个索引无论是否属于终端 i 的真实索引集，该索引在内层随机回答和外层随机回答中都会获得"是"。换句话来说，如果终端 i 将参与终端真实索引集的并集作为自己的随机索引集，则本地差分隐私程度是 0，这与传统联合学习所能保证的、同时也是最强的本地差分隐私保护程度相同。

下面根据定义 5.2 分析安全聚合子模型更新阶段的隐私保护程度。考虑来自参与终端真实索引集并集中的任意一个索引 j，用 $n_{j,0}$ 和 $n_{j,1}$ 分别表示在线参与终端集合中真正有和没有 j 的终端数量。为了分析的可行性与简洁性，此处让所有参与终端使用相同的概率参数，即 $\forall i \in \mathcal{C}$，$p_1^{(i)}=p_1$，$p_2^{(i)}=p_2$，$p_3^{(i)}=p_3$，$p_4^{(i)}=p_4$，以及所导致的 $p_5^{(i)}=p_1(p_3-p_4)+p_4=p_5$ 和 $p_6^{(i)}=p_2(p_3-p_4)+p_4=p_6$。

定理 5.2 针对子模型更新的聚合，安全联合子模型学习协议是一个终端可调控隐私的保护机制，并保证事件 1 发生的概率为 $p_7=n_{j,1}p_5(1-p_5)^{n_{j,1}-1}(1-p_6)^{n_{j,0}}$，事件 2 发生的概率为 $p_8=(1-p_5)^{n_{j,1}}(1-(1-p_6)^{n_{j,0}})$。

证明 事件 1 发生的条件是，$n_{j,1}$ 个真正有索引 j 的终端集合中只有一个终端提交了零值更新，同时所有 $n_{j,0}$ 个真正没有索引 j 的终端不提交更新。根据二项分布和乘法原理可得事件 1 的联合概率为 $p_7=n_{j,1}p_5(1-p_5)^{n_{j,1}-1}(1-p_6)^{n_{j,0}}$。

事件 2 发生的条件是，当所有 $n_{j,1}$ 个真正有索引 j 的终端不提交零值更新。在这种情况下，如果 $n_{j,0}$ 个真正没有索引 j 的终端集合中部分（至少有一个）终端提交了零值更新，协调服务器可以从聚合产生的零值更新中推断出这些终端事实

上没有索引 j。根据乘法原理，事件 2 的概率为 $p_8 = (1-p_5)^{n_{j,1}}$ $(1-(1-p_6)^{n_{j,0}})$。 □

定理 5.2 使得参与终端能够通过选择不同的概率参数调整子模型更新聚合的隐私程度，相关细节请见本章对应的文献 [27]。此外，依然检查每个参与终端是否使用它们真实索引集的并集作为随机索引集上传子模型更新。具体来说，设置 $p_1 = p_2 = p_3 = p_4 = 1$，将导致 $p_5 = p_6 = 1$ 且 $p_7 = p_8 = 0$。这是聚合子模型更新阶段最强的隐私保护程度，与安全联合学习相同。结合之前提到的每个参与终端保证的本地差分隐私程度为 0，可以发现，根据定义 5.1 和定义 5.2，安全联合子模型学习采用设置 $p_1 = p_2 = p_3 = p_4 = 1$（本质上需要 $p_5 = p_6 = 1$）将与安全联合学习保证相同的安全隐私程度。本章进一步将这一观察拓展到不依赖任何隐私定义。

定理 5.3　如果每个参与终端都使用它们真实索引集的并集作为随机索引集，则安全联合子模型学习将与安全联合学习一样安全。

证明　考虑索引全集 $\mathcal{S}$ 中任意一个索引 j，并在两种互补的情况下证明。

情况 $1\left(j \in \bigcup\limits_{i \in \mathcal{C}} \mathcal{S}^{(i)}\right)$：在安全联合子模型学习和安全联合学习中，每个参与终端 $i \in \mathcal{C}$ 将下载全局完整模型的第 j 行，并通过安全聚合上传该行的更新至协调服务器。特别指出，如果 j 不在终端的真实索引集中，则终端会上传零向量。两个协议的流程完全相同，因此可以保证相同的安全隐私程度。

情况 $2\left(j \notin \bigcup_{i \in \mathcal{C}} \mathcal{S}^{(i)}\right)$：在安全联合子模型学习中，每个参与终端将不会下载第 j 行，也不会上传零向量。因此，攻击者（例如协调服务器）知道每个参与终端都没有索引 j，即 $\forall i \in \mathcal{C}, j \notin \mathcal{S}^{(i)}$，且更新为零向量。相比之下，在安全联合学习中，每个参与终端将会下载第 j 行，并且上传零向量作为自己的更新。由于聚合结果是零向量，攻击者依然可以确定每个参与终端没有索引 j 且更新为零向量，这与安全联合子模型学习相同。

综合两种情况，定理得证。□

最后分析安全多方集合并集计算协议的安全性。首先给出引理 5.4 作为基石：从 $\mathbb{Z}_R = \{0, 1, \cdots, R-1\}$ 中随机选出的一个或多个元素的模加结果在 $\mathbb{Z}_R$ 中依然是均匀随机的。值得注意的是，安全聚合协议[81] 中的基本操作是以大模数进行模加操作，而不是原始的加法操作，这与引理 5.4 相一致。在数论中，$\mathbb{Z}_R$ 被称为模 R 的最小余数系统或模 R 的整数环。$\mathbb{Z}_R$ 与模加操作一起构成了一个有阶循环群。

引理 5.4 对于任意的非空集合 $\mathcal{C}_1 \neq \varnothing$ 以及任意的 $i \in \mathcal{C}_1$，如果以均匀随机且独立的方式从 $\mathbb{Z}_R = \{0, 1, \cdots, R-1\}$ 采样出 r_i（表示为 $r_i \in_R \mathbb{Z}_R$），则 $\sum_{i \in \mathcal{C}_1} r_i \bmod R$ 在 $\mathbb{Z}_R$ 中也是均匀随机的。

证明 使用数学归纳法进行证明,主要针对 $\mathcal{C}_1$ 的大小,表示为 $|\mathcal{C}_1|$ 且 $|\mathcal{C}_1| \geqslant 1$。

首先证明当 $|\mathcal{C}_1| = 1$ 时引理成立。用 $\{r_a\}$ 表示采样出的元素,且 $r_a \in_R \mathbb{Z}_R$,则 $\sum_{i \in \mathcal{C}_1} r_i \bmod R = r_a \in_R \mathbb{Z}_R$ 可直接推导出成立性。

其次,假设引理对于任意非空的 $\bar{\mathcal{C}}_1 \subset \mathcal{C}_1$ 成立,需要证明引理对于 $\bar{\mathcal{C}}_1 \cup \{b\}$ 也成立,其中 $b \notin \bar{\mathcal{C}}_1$,$b \in \mathcal{C}_1$。用 r_a 表示 $\sum_{i \in \bar{\mathcal{C}}_1} r_i \bmod R$,需证明 $r_a \in_R \mathbb{Z}_R$,$r_b \in_R \mathbb{Z}_R \Rightarrow (r_a + r_b) \bmod R \in_R \mathbb{Z}_R$,等价地需要证明对于任意 $r \in \mathbb{Z}_R$,$\Pr((r_a + r_b) = r \bmod R) = 1/R$。具体的推导过程如下:

$$
\begin{aligned}
&\Pr((r_a + r_b) = r \bmod R) \\
&= \sum_{k=0}^{R-1} \Pr(r_a = k, r_b = r - k \bmod R) \\
&= \sum_{k=0}^{R-1} \Pr(r_a = k)\Pr(r_b = r - k \bmod R) \\
&= \sum_{k=0}^{R-1} \frac{1}{R}\frac{1}{R} = \frac{1}{R}
\end{aligned}
\tag{5-4}
$$

其中式(5-4)的成立性根据 r_a、r_b 相互独立可得。

最后根据数学归纳法,引理得证。 □

定理 5.4 在本章所提出的安全多方集合并集计算协议中,只有参与终端真实索引集的并集被透露。

证明 在安全多方集合并集计算协议中,一个参与终端首先将自己的真实索引集表示为一个布隆过滤器 $b^{(i)}$，然后将每个比特 1 替换成随机整数并得到随机化的布隆过滤器 $b'^{(i)}$，最后在服务器的协调下与其他参与终端一起参与安全聚合。与计算索引并集的方式相同，终端参与真实索引集中是否存在索引落在划分组中的相关调查，即安全多方划分并集计算。为了证明其简洁性，下面只关注安全多方集合并集计算。

首先，根据安全聚合协议[81]的安全分析，协议在诚实但好奇和主动攻击的设置下可被证明是安全的，其中攻击者可能是协调服务器或者参与终端。具体而言，从安全性和鲁棒性的角度来说，安全聚合协议可以保证，除了聚合结果之外，其他任何信息都不会被泄露给协调服务器和所有参与终端，即使部分终端可能在聚合的过程中退出。当安全聚合应用到本章的场景中时，只有 $\sum_{i \in C} b'^{(i)}$ 被揭露，同时任意单个的 $b'^{(i)}$，$i \in C$ 都对协调服务器和其他参与终端 $C \backslash \{i\}$ 进行了隐匿。鉴于 $b'^{(i)}$ 是 $b^{(i)}$ 的后验处理输出，因此底层的布隆过滤器 $b^{(i)}$ 以及每个参与终端 i 的真实索引集 $\mathcal{S}^{(i)}$ 都被隐藏。

其次证明针对具有任何先验知识的攻击者，聚合结果 $\sum_{i \in C} b'^{(i)}$ 不会泄露除并集 $\bigvee_{i \in C} b^{(i)}$ 之外的其他任何信息。鉴于 $\bigvee_{i \in C} b^{(i)}$ 与 $\sum_{i \in C} b'^{(i)}$ 都是逐位进行操作，因此只需要考虑 $b^{(i)}$ 和 $b'^{(i)}$ 在任意一位的情况，即 $b^{(i)}$ 退化到单个比特 $b^{(i)} \in \{0, 1\}$，$b'^{(i)}$ 退化到单个整数 $b'^{(i)} \in \mathbb{Z}_R$。下面针对 $\{b^{(i)} \mid i \in C\}$ 的两种

互补情况进行证明。

情况1（$\forall i \in \mathcal{C}$，$b^{(i)} = 0$）：并集结果 $\bigvee_{i \in \mathcal{C}} b^{(i)} = 0$ 与聚合结果 $\sum_{i \in \mathcal{C}} b'^{(i)} = 0$ 完全相同，因此除并集之外的其他任何信息都未被泄露。

情况2（$\exists i \in \mathcal{C}$，$b^{(i)} = 1$）：并集结果是 $\bigvee_{i \in \mathcal{C}} b^{(i)} = 1$。为了求和 $\sum_{i \in \mathcal{C}} b'^{(i)}$，将 $\mathcal{C}$ 分成两部分，分别是 $\mathcal{C}_0 = \{i \mid i \in \mathcal{C},\ b^{(i)} = 0\}$ 和 $\mathcal{C}_1 = \{i \mid i \in \mathcal{C},\ b^{(i)} = 1\}$。然后可得

$$\sum_{i \in \mathcal{C}} b'^{(i)} = \sum_{i \in \mathcal{C}_0} b'^{(i)} + \sum_{i \in \mathcal{C}_1} b'^{(i)}$$
$$= 0 + \sum_{i \in \mathcal{C}_1} b'^{(i)} \tag{5-5}$$
$$\in_R \mathbb{Z}_R$$

式(5-5)的成立性如下。根据前提 $\exists i \in \mathcal{C}$，$b^{(i)} = 1$，可得 $\mathcal{C}_1 \neq \varnothing$。此外，根据算法5-3第4行，如果 $b^{(i)} = 1$，则 $b'^{(i)} \in_R \mathbb{Z}_R$。此时，根据引理5.4，最终可得 $\sum_{i \in \mathcal{C}_1} b'^{(i)} \in_R \mathbb{Z}_R$。这意味着聚合结果从攻击者的视角来看只是一个均匀随机的整数。在并集场景下，①这个随机整数取正整数的概率为 $1 - 1/R$，并被解码成元素1；②这个随机整数以可忽略的概率 $1/R$ 取零值，并被错误地⊖解码成元素0，即假阳性发生的概率为 $1/R$。因

⊖ 即使每个比特1被替换成正整数而不是非负整数，在模加操作下的和依然可能以一个可忽略的概率取零值。然而，聚合结果将不再均匀随机。

此，聚合结果除了并集之外不会泄露其他任何信息。

综合安全聚合过程中不泄露任意参与终端的单个真实索引集，以及聚合结果不泄露除并集之外的其他信息，定理得证。 □

下面解释定理 5.4 中"只有"的含义。例如，并集中每个索引的计数（即证明中 C_1 集合的大小）也被隐藏。其原因在于，对于任意一个非空的 C_1，聚合结果都是均匀随机的，即式(5-5)成立。这也意味着从聚合结果来看，所有可能的 C_1 对于攻击者来说都是计算不可区分的。换句话来说，攻击者知道 C_1 集合大小的可能性为 $1/|C|$，这与从所有可能的集合大小（即 $\{1, 2, \cdots, |C|\}$）中随机选取而猜中的概率是相同的。

5.4.2　复杂度分析

本小节分析终端和协调服务器在单轮安全联合子模型学习中的通信、时间和空间复杂度。分析过程引入安全联合学习作为基准进行比较。此外，为了与安全聚合协议[81]的分析相一致，本小节采用诚实但好奇的攻击模型，并考虑终端退出的最坏情况。

首先分析安全联合子模型学习协议。考虑到分析的可行性与清晰性，我们让每个终端使用相同的概率参数 p_1、p_2、p_3、p_4 以及导致的 p_5、p_6。假设每个终端真实索引集的

大小在期望上是 s，这意味着 n 个参与终端真实索引集并集 $\bigcup_{i \in C} \mathcal{S}^{(i)}$ 的大小在期望上不大于 ns。值得注意的是，ns 往往远小于索引全集的大小 m，即 $ns \ll m$。此外，每个终端随机索引集 $\mathcal{S}''^{(i)}$ 的大小在期望上不大于 $sp_5 + (n-1)sp_6$。每个终端简洁索引集 $\mathcal{S}^{(i)} \cap \mathcal{S}''^{(i)}$ 的大小在期望上是 sp_5。根据布隆过滤器的相关工作[152-154]，在安全多方集合并集计算中布隆过滤器的最优长度与需要存储的集合的大小（即并集的大小）成正比。接下来直接展示包含概率参数 p_5、p_6 的复杂度：①终端和协调服务器整体的通信复杂度分别是 $O(ns + (sp_5 + (n-1)sp_6)(2d+1))$ 和 $O(n^2s + n(sp_5 + (n-1)sp_6)(2d+1))$；②终端和协调服务器整体的时间复杂度分别是 $O(n^2s + n(sp_5 + (n-1)sp_6)(d+1))$ 和 $O(n^3s + n^2(sp_5 + (n-1)sp_6)(d+1))$；③终端和协调服务器整体的空间复杂度分别是 $O(ns + (sp_5 + (n-1)sp_6)(d+1))$ 和 $O(n^2 + ns + (sp_5 + (n-1)sp_6)(n+d+1))$。事实上，考虑到安全聚合是协议设计底层开销最大的模块，上述的复杂度可以利用安全聚合协议[81]中的复杂度分析结果进行粗略的估算。具体来说，让安全聚合复杂度分析中向量的维度取 $O(ns + (sp_5 + (n-1)sp_6)(d+1))$，其中 $O(ns)$ 对应着安全多方集合并集计算中布隆过滤器的最优长度以及划分指示向量的常数维度，$(sp_5 + (n-1)sp_6)(d+1)$ 对应着基于随机索引集的加权子模型更新与计数向量整体的大小。从上述的分析中可以得出，安全联合子模型学习协议具有大规模性以及良好的可拓展性，因为复杂度只依赖 n 个参与终端真实索引集并集的大小 ns，且独立于索引全集的大小 m。鉴于索引全集的大小控制着全局完整模型的大小，因此安全联合子模型学习协议完全摆脱了对完整模型的依赖。

其次以相同的安全隐私程度与安全联合学习进行比较，具体通过在安全联合子模型学习协议中设置 $p_5 = p_6 = 1$。表 5-1 展示了两个协议的复杂度，以及本章提出的安全多方集合并集计算协议的复杂度。具体来说，通过利用安全聚合协议的复杂度分析结果，让其中的向量维度分别取完整模型的大小 md 和 $O(ns)$，可以分别获得安全联合学习的复杂度和安全多方集合并集计算的复杂度。从表 5-1 中可以得出，鉴于在本章所考虑的电商推荐应用场景中 $ns \ll m$，安全联合子模型学习中终端和协调服务器的复杂度都远小于安全联合学习中的复杂度。此外，从表 5-1 中还可以得出，只要 $ns < m$，安全联合子模型学习的性能就优于安全联合学习。在最坏的情况下 $ns = m$，即参与终端真实索引集的并集与索引全集相同，安全联合子模型学习的复杂度与安全联合学习的复杂度相同。一个直观的解释是，如果所有的终端都参与每轮的联合子模型学习，则参与终端真实索引集的并集是完整索引集，而安全联合子模型学习将退化到安全联合学习。然而，鉴于在每轮中部分终端的不可用性，所有终端完全参与的情况是不切实际的。因此，最坏的情况可能永远不会发生。值得注意的是，ns 不可能大于 m，因为索引全集本质上

是全部终端真实索引集的并集。总结来说，在任何规模的联合子模型学习应用中，即数据的异质性导致了终端模型的差异性，安全联合子模型学习的性能都优于安全联合学习这一基准。

表5-1 安全联合子模型学习（其中的安全多方集合并集计算）与基准安全联合学习处于相同安全隐私程度时的通信、计算和空间复杂度

应用规模	协议类型	通信复杂度	时间复杂度	空间复杂度
终端	安全联合子模型学习	$O(nsd)$	$O(n^2sd)$	$O(nsd)$
	安全多方集合并集计算	$O(ns)$	$O(n^2s)$	$O(ns)$
	安全联合学习	$O(n+md)$	$O(n^2+nmd)$	$O(n+md)$
服务器	安全联合子模型学习	$O(n^2sd)$	$O(n^3sd)$	$O(n^2+nsd)$
	安全多方集合并集计算	$O(n^2s)$	$O(n^3s)$	$O(n^2+ns)$
	安全联合学习	$O(n^2+nmd)$	$O(n^2md)$	$O(n^2+md)$

注：$\left|\bigcup_{i\in\mathcal{C}}\mathcal{S}^{(i)}\right| \ll |\mathcal{S}| \Rightarrow ns \ll m$。

上述的复杂度分析未考虑终端的本地训练阶段。下面从本地模型/子模型的大小定性地分析终端的计算和内存开销。对于安全联合学习，每个终端训练大小为 md 的完整模型 $\boldsymbol{W}$。相比之下，对于安全联合子模型学习，每个终端训练 sp_5d 大小的简洁子模型 $\boldsymbol{W}_{\mathcal{S}^{(i)}\cap\mathcal{S}''^{(i)}}$，当 $p_5=1$ 时，模型大小为 sd。鉴于 $md \gg nsd > sd \geq sp_5d$，安全联合子模型学习在本地训练阶段依然远比安全联合学习高效。

最后讨论每轮挑选终端数量 n 的设置。考虑到在安全联合子模型学习和安全联合学习中，终端的复杂度随着 n 的增

大而单调递增。为了资源受限终端侧的高效性，n 不能太大。例如，谷歌将联合学习部署到安卓手机键盘上用于优化语言模型，并设置 $n=100$，这也将作为后续实验的默认设置。除了高效性之外，值得注意的是，尽管增大 n 可以缓解安全聚合中子模型更新的错位性（具体根据定理 5.2），但没有安全联合子模型学习所保证的可抵赖性（具体通过随机索引集生成算法），每个终端真实所需子模型的位置（即真实索引集）以及本地数据依然会在下载和上传过程中被泄露。

5.5 实验评估

本节从模型准确率和收敛性以及实际的通信、计算和存储开销角度呈现实验评估结果。

5.5.1 实验设置

数据集： 实验采用一个工业界的数据集，由淘宝用户 30 天（从 2019 年 6 月 15 日至 2019 年 7 月 15 日）内的曝光和点击商品日志构建而成。对于某个淘宝用户，利用其在前 14 天的点击行为序列作为历史数据来预测下一天的点击和不点击行为，并以此作为时间窗口进行滑动，获得该用户所有的样本。将用户最后一天的行为作为测试数据集中待预测的目标，并将其他样本放入训练集中。具体来说，我们将测试数据集放在协调服务器上用于判断全局模型的准确率和收敛性。对于完整的训练数据集，进一步聚集每个淘宝用户的样本作为每个终端上的训练数据集。表 5-2 展示了数据集的统计信息。

表 5-2 手机淘宝数据集的统计信息

数据集类型	用户数	商品量	种类数	样本量
测试数据集（全局）	24 790	138 829	4 758	1 010 284
训练数据集（全局）	49 023	143 534	4 815	15 854 357
训练数据集（平均每个终端）	1	301	117	323

模型、超参数和度量指标：实验采用阿里巴巴线上部署的深度兴趣网络[157] 作为联合子模型学习中的模型，其中嵌入矩阵的列数被设置为 18。除了针对用户标识、商品标识和商品类别标识的嵌入层之外，深度兴趣网络的其他网络层（包括注意力层和全连接层）的参数量大小为 64 327。因此，协调服务器上的全局模型参数量大小为 3 617 023。对比之下，每个终端真实所需的子模型参数量大小平均为 71 869，大约仅是全局完整模型的 1.99%，基于 32 位的表示需要 0.27 MB 的空间。每个终端的本地训练用小批量的随机梯度下降作为优化器，设置批大小为 2，并设置本地完整迭代数据集的次数为 1。此外，将初始的学习率设置为 1，并采用指数衰减的方式，其中每轮衰减率为 0.999。协调服务器上全局模型的测试采用点击率预估任务的经典指标 AUC，并将测试批大小设置为 1 024。

原型系统与配置：实验用 Python 2.7.16 实现了安全联合

子模型学习和安全联合学习的原型系统。图 5-9 从一个手机淘宝终端的角度概览了参与一轮安全联合子模型学习的流程。顶层采用了同步通信架构，并利用标准的端口通信编程实现了协调服务器与每个终端之间的通信模块。实验用 TensorFlow 1.12.0 实现了深度兴趣网络，主要用 PyCryptodome 3.7.3 实现了安全聚合协议[81]。为了支持安全聚合底层的模加操作，实验用量化算法[88]对每个终端的子模型/完整模型的更新进行了浮点型到整型的转化，其中量化的等级设置为 2^{15}。在安全联合子模型学习中，每个终端均选择相同的概率参数设置，简称为 CPP（choice of probability parameters）。表 5-3 列举了实验采用的 5 个 CPP，以及当每轮挑选的终端数量 n 为 100 时，概率参数设置 CPP 所应的随机索引集生成算法以及子模型更新安全聚合算法的隐私保护程度。特别指出，CPP1 对应着直接将联合子模型学习与安全聚合相结合，即每个终端都泄露自己的真实索引集，因此本地差分隐私保护程度最低。CPP1 所对应的 $p_7 = 86.7\%$ 意味着，随机挑选 100 个终端的真实商品标识集的并集中有 86.7% 的商品标识只涉及单个终端。因此，在淘宝电商推荐场景下，用户数据高度异质。对比之下，CPP5 让每个终端使用参与终端真实索引集的并集作为随机索引集。根据定理 5.3，CPP5 与安全联合学习具有相同的安全隐私程度。随着 CPP 序号的增加，本地差分隐私保护程度逐渐增加。

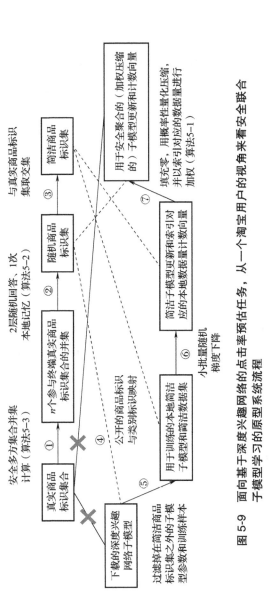

图 5-9 面向基于深度兴趣网络的点击率预估任务，从一个淘宝用户的视角来看安全联合子模型学习的原型系统系统流程

表5-3　不同的概率参数设置（CPP）及保证的隐私程度，其中
　　　CPP1对应着将联合子模型学习直接与安全聚合结合，
　　　CPP5与安全联合学习的安全隐私程度相同

CPP	p_1, p_3	p_2, p_4	p_5	p_6	ϵ_1	ϵ_∞	p_7	p_8
CPP1	1	0	1	0	∞	∞	86.7%	0
CPP2	15/16	1/16	88.3%	11.7%	2.02	2.71	0	10.3%
CPP3	7/8	1/8	78.1%	21.9%	1.27	1.95	0	19.5%
CPP4	3/4	1/4	62.5%	37.5%	0.51	1.10	0	34.2%
CPP5	1	1	1	1	0	0	0	0

注：ϵ_1、ϵ_∞、p_7、p_8越小，表示对每个参与终端i的隐私保护程度越强。

本实验的运行设备是一台Linux服务器。操作系统是64位的Ubuntu 18.04.2。处理器是8核的Intel(R) Core(TM) i9-9900K，基本频率是3.60 GHz。内存大小为64 GB，缓存大小为16 MB。服务器还配备了2块NVIDIA的GeForce RTX 2080 Ti显卡。为了体现终端与协调服务器的差别，在硬件层面，所有终端的进程只运行在CPU上，但允许协调服务器使用GPU进行运算加速；从并行角度来说，用Python的multiprocessing库优化了协调服务器的热点函数。更多系统实现的细节请参阅本章对应的文献［27］。

5.5.2　模型准确率与收敛性

实验引入集中式训练和传统联合学习作为两个基线。图5-10呈现了本章提出的安全联合子模型学习和两个基线

的模型准确率 AUC。每轮随机挑选的终端数量 n 被设置为 100。在集中式训练中，协调服务器首先将所有终端的数据集中，然后训练深度兴趣网络推荐模型，且每当训练了大约 n 个终端训练数据集规模的样本后测试一次全局模型的准确率。

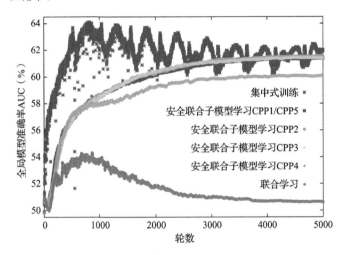

图 5-10　集中式训练、不同概率参数设置（CPP）下的安全联合子模型学习以及传统联合学习的全局模型准确率（见彩插）

从图 5-10 中可以观察到，与在第 803 轮达到 64.11% 的最高 AUC 的集中式训练相比，CPP2 设置下的安全联合子模型学习在第 4 908 轮达到 61.54% 的最高 AUC，下降了 2.57%。相比之下，传统联合学习表现最差，在第 867 轮达到 54.32% 的最高 AUC，并最终发散。如图 5-11 所示，主要原因是，无论一个终端本地训练数据集是否涉及一些模型参数（即全局模型去除真实所需子模型的部分，例如深度兴趣网络中的一些嵌入向量）联合学习底层的联合均值算法均粗糙地以参与终端本地全部的数据量加权平均它们提交的完整模型更新。因此，联合均值错误地加入了那些提交零值更新或未提交更新的终端的权重，即其本地训练数据集的大小。进一步地说，终端用户数据的异质性越高，子模型的差异性越大，联合均值的不准确性也将被暴露得越充分。这也解释

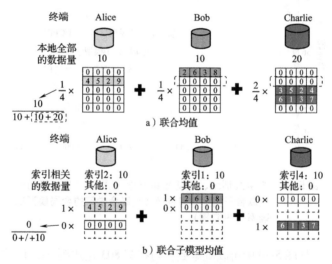

图 5-11　联合均值与联合子模型均值的比较

注：联合均值以终端本地全部的数据量加权完整模型的更新。当联合均值应用到子模型框架时，对于每个特征对应的模型位置，即每个索引，联合均值错误地加入未提交更新的终端的权重。联合子模型均值通过索引相关的数据量细粒度地加权模型更新，消除了由不同终端子模型的错位性造成的聚合偏差。

了为何联合学习能够在谷歌只包含 10 000 个词汇的自然语言理解场景中奏效，而在阿里巴巴手机淘宝具有 20 亿规模商品标识的电商推荐场景下表现较差。相比于联合学习，安全联合子模型学习底层的联合子模型均值通过索引相关的数据量细粒度地加权子模型更新，消除了由不同终端子模型的错位性造成的聚合偏差。

从图 5-10 中还可以观察到，CPP4 是所有 CPP 中表现最差的，最高 AUC 为 60.11%。因为 p_5 控制着每个终端简洁索引集的大小以及每个训练样本中用户历史商品点击序列的长度，它在 CPP4 中是最小的。这同时也解释了另外一个现象，具有相同 $p_5 = 1$ 的 CPP1 和 CPP5 模型的性能表现完全相同。

5.5.3　通信开销

下面展示安全联合子模型学习的通信开销，并引入安全联合学习作为基线。图 5-12a 绘制了平均每个终端每轮整体的通信开销。考虑到协调服务器的开销等于平均每个终端通信开销乘以 n，因此图中并未展示协调服务器的通信开销。可以更细节地考虑到，协调服务器接收的信息恰恰是所有 n 个参与终端发送的信息，反之亦然。此外，图中也未展示不同终端退出率下的通信开销，因为该因素对通信开销产生的影响可忽略。

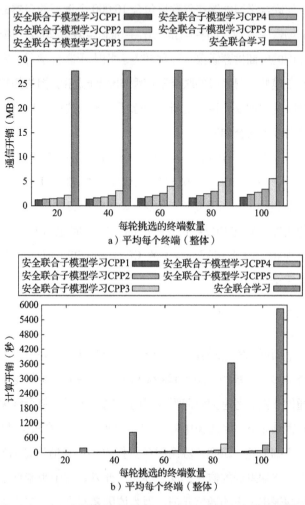

a）平均每个终端（整体）

b）平均每个终端（整体）

图 5-12　在不同概率参数设置（CPP）下的安全联合子模型学习与安全联合学习中终端和协调服务器平均每轮的通信开销和计算开销（见彩插）

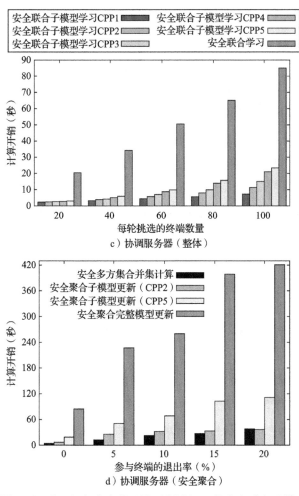

图 5-12 在不同概率参数设置（CPP）下的安全联合子模型
学习与安全联合学习中终端和协调服务器平均每轮
的通信开销和计算开销（见彩插）（续）

注：在图 5-12d 中，每轮挑选 100 个终端。

从图 5-12a 观察到的第一个重要现象是，与安全联合学习相比，安全联合子模型学习可以大幅削减通信开销。具体而言，当 $n=100$ 时，平均每个终端每轮完整的通信开销在 CPP1、CPP2、CPP3、CPP4 和 CPP5 设置下分别是 1.76 MB、2.33 MB、2.78 MB、3.40 MB 和 5.57 MB，相比于安全联合学习的 27.94 MB，分别削减了 93.72%、91.65%、90.06%、87.81% 和 80.05% 的通信开销。鉴于 CPP5 与安全联合学习保有相同的安全隐私程度，因此可以得出，安全联合子模型学习在不损失任何安全隐私的前提下大幅削减了通信开销。这些结果与 5.4.2 节和表 5-1 的复杂度分析结果相一致。

从图 5-12a 观察到的第二个重要现象是，在安全联合子模型学习中，对于特定的 CPP，终端的通信开销随着 n 的增大而增加；对于特定的 n，终端的通信开销随着 CPP 序号的增大而增加。5.4.2 节中终端的通信复杂度 $O(ns+(sp_5+(n-1)sp_6)(2d+1))$ 可以进行解释。一方面，通信复杂度随着 n 呈线性增长；另一方面，复杂度随着 p_5 和 p_6 呈单调递增，因此 CPP5 的通信开销最大。此外，对于 CPP1 到 CPP4，鉴于 $p_5+p_6=1$，可以将终端的通信复杂度简化为 $O(ns+(s+(n-2)sp_6)(2d+1))$。当 $n>2$ 时，这一复杂度随着 p_6 呈单调递增。从表 5-3 中可以看出，p_6 随着 CPP 序号的增大而增加，因此通信开销也随之增加，正如图 5-12a 所观察到的。直观地说，p_6 控制着下载和安全上传的冗余/零值参数，而这些参数主导了通信开销整体的趋势。

最后介绍在安全多方集合并集计算中平均每个终端每轮的通信开销。终端的通信开销随着 n 呈线性增长。具体地说，n 每增长 20，通信开销平均增长约 0.07 MB。当 n 达到100 时，终端在安全多方集合并集计算中只产生 0.91 MB 的通信开销。由此可以得出，本章提出的安全多方集合并集计算协议在通信方面相当高效。

5.5.4 计算开销

本小节展示实际的计算开销，主要评估 n、CPP 和终端退出率的影响。为了与时间复杂度分析保持一致，计算开销只包括终端和协调服务器执行协议的时间，不考虑同步延时和测试全局模型的开销。鉴于实际中终端设备高度地并行化，因此每轮总的运行时间可以将此处展示的终端和协调服务器的计算开销相加进行估算。此外，每轮测试全局模型消耗协调服务器 32.12 秒。

首先展示在安全联合子模型学习的不同设置下终端和协调服务器每轮的计算开销，分别如图 5-12b 和图 5-12c 所示。依然引入安全联合学习作为基线，可以观察到，在终端侧和协调服务器侧，安全联合子模型学习性能远优于安全联合学习。当 $n=100$ 时，在相同的安全隐私程度下，相比于安全联合学习，在 CPP5 设置下的安全联合子模型学习分别削减终端和协调服务器 85.02% 和 72.51% 的计算开销。随着安全隐私程度降低，即从 CPP4 到 CPP1，安全联合子模型学习的优势越显著。例如，相比于安全联合学习，CPP2 分别削减终端和协调服务器 98.77% 和 86.70% 的计算开销。同时还可以观察到终端和协调服务器的开销都随着 n 或 CPP 的序号增大而增加。这与 5.4.2 节的时间复杂度分析结果相一致。此外，直观的解释与通信开销实验中的类似。

接下来评估终端退出率的影响。图 5-12d 展示了当 $n = 100$ 时平均每轮的实验结果。实验主要关注基于安全聚合的阶段，忽略了其他与终端退出无关的阶段。实验中终端随机地被选择在任意的时间点退出。此外，实验只展示了协调服务器的计算开销，因为退出的终端不会对在线的终端产生额外的计算开销。从图 5-12d 中可以观察到，随着终端退出率的增加，协调服务器的计算开销也随之增加。这是因为协调服务器需要移除退出终端与在线终端之间用于安全聚合的相互掩饰。实验还比较了安全联合子模型学习和安全联合学习在安全聚合子模型更新和安全聚合完整模型更新阶段的计算开销。可以发现，在这一阶段，对于任何的终端退出率，安全联合子模型学习均远优于安全联合学习。具体地说，当终端退出率为 20% 时，CPP2 和 CPP5 分别削减 91.33% 和 73.55% 的计算开销。实验最后评估了本章提出的安全多方集合并集计算，可以观察到，即使终端退出率很高，安全多方集合并集计算也足够高效。当终端退出率达到 20% 时，协调服务器的计算开销为 37.66 秒。

5.5.5　内存与磁盘开销

本小节展示安全联合子模型学习和安全联合学习实际的存储开销，包括内存开销和磁盘开销。具体而言，安全多方集合并集计算和安全聚合子模型/完整模型更新相关的材料被放入内存中用于当轮使用，而在 CPP2 到 CPP4 设置下的安全联合子模型学习中，每个终端本地记忆的随机化回答被写入磁盘以便多轮使用。

首先关于内存开销。协调服务器需要 551 MB 的显存用于在每轮结束时测试全局模型，这对于所有的协议来说都是相同的。此外，当每轮参与的终端数量 n 为 100 且没有终端退出时，在 CPP2 和 CPP5 设置下的安全联合子模型学习中，平均每个终端的内存开销分别为 209 MB 和 281 MB，相比于安全联合学习，内存开销分别削减了 59.40%和 45.43%。对应地，协调服务器的内存开销分别为 1.58 GB 和 3.15 GB，相比于安全联合学习，内存开销分别削减了 81.88%和 63.77%。其次关于磁盘开销。在 CPP2、CPP3 和 CPP4 设置下的安全联合子模型学习，终端在全部的 5 000 轮中大约需要占用 280 KB 的磁盘空间。

5.5.6　拓展性讨论

上述在淘宝数据集上的实验结果充分地验证了本书提出的安全联合子模型学习协议的有效性和高效性，并从模型性能和实际的开销方面展现了相比于安全联合学习这一基准的巨大优势。接下来，我们进一步讨论关于协议规模化拓展的问题，具体考虑控制着全局完整模型大小的索引全集的规模（例如电商推荐场景下全部商品标识的规模）以及终端总数量扩展至实际中的数十亿规模。

首先，安全联合学习这一基线依赖全局模型，将因为产生难以承受的开销而变得不可行。其次分析安全联合子模型学习协议。如 5.4.2 节所分析的，协议设计摆脱了对完整模型的依赖，以轮为单位执行，并且每轮只挑选常量（例如 $n = 100$）个终端参与。因此，当完整模型的参数规模拓展至数十亿时，安全联合子模型学习不产生额外的开销。进一步考虑如何削减迭代优化全局完整模型的周期以及覆盖全体终端的周期，同时不影响任何终端的效率与隐私。一种可行的方法是将全体终端划分成多个组。安全联合子模型学习并行地在每个组内所有的终端间执行，其中每个组内有一台协调服务器作为中继。另一种方法是在协调服务器层面拓展安全联合子模型学习框架。具体来说，一个主服务器管理多个子服务器。在每一轮执行中，每个子服务器挑选 n 个终端，并让它们通过安全联合子模型协议下载子模型和上传子模型更新。每个子服务器安全聚合终端提交的子模型更新，而主服务器进一步聚合来自多个子服务器的聚合子模型更新，并更新全局模型。

5.6 本章小结

本章首次正式提出了联合子模型学习框架，解决了谷歌联合学习框架依赖全局模型的局限性。在子模型框架下，本章发现并解决了以下问题：①由于终端子模型位置和用户本地数据之间存在的关联性造成的隐私泄露风险；②聚合子模型更新过程中因不同终端子模型的高度未对齐性所造成的隐私风险和聚合偏差。我们在30天的手机淘宝数据集和深度兴趣网络上验证了子模型设计的高效可行性以及相比于联合学习的巨大优势。此外，在涉及大模型训练而无法直接获得多源（企业、应用、用户等层面）原始数据的任务上，安全联合子模型学习协议有巨大的应用前景。作为"基石"的安全多方集合并集计算协议，在安全汇聚多个私有的数据库/数据集而不泄露单个数据库/数据集的场景中也有不错的应用潜力。

第 6 章

总结与展望

本章对全书工作进行总结，并对未来研究方向予以展望。

6.1 工作总结

物联网中数据资源丰富，但由于缺少安全可信的共享机制，导致数据作为一种新的生产要素难以在市场上流通、供给侧由于安全隐私顾虑不愿意贡献数据、需求侧由于效用可信顾虑不愿意消费数据和模型服务。数据流通不足，无法充分发挥数据间的协同作用，从而导致数据利用率低。面对物联网中数据孤岛林立的现状，本书从数据共享中多个参与方的安全隐私和效用需求出发，研究基于数据迁移的数据分析服务和模型推理服务以及基于计算迁移的终端间联合子模型学习，刻画了物联网大数据的关联性和异质性，突破了因海量异构终端设备的资源受限、不稳定、不可靠而造成的瓶颈，形成了以需求刻画为前提、需求满足为核心、需求验证为保证、物联网数据安全可信的共享技术新体系。

首先，本书提出了感知数据分析服务交易机制 HORAE，为物联网数据的供需双方构建市场化体制。不同于数据交易已有的相关工作，HORAE 首次从关联性隐私角度考虑了时序感知数据服务的交易，合理建模了时间关联性，重点考虑了用户的套利行为，进一步设计了面向数据提供者可满足的隐私补偿机制和面向用户无套利的查询定价机制。具体而言，HORAE 首先基于河豚隐私框架度量存在时间关联的隐私损失，并利用马尔可被给出了隐私损失的上界。基于该上界，HORAE 面向具有不同隐私策略的数据提供者设计了可满足的隐私补偿函数。此外，在面向用户可调控结果精准度和数据范围的查询进行定价时，HORAE 采用自底向上的设计思路，利用最小值函数的性质合理地放大整体的隐私补偿作为查询的价格。定价函数保证了服务提供商的可盈利性，同时规避了策略用户的套利攻击。实验将 HORAE 应用到身体活动监测场景，并在实际的 ARAS 数据集上进行了广泛测试。实验结果表明，相比于基于条目/群体差分隐私的方法，HORAE 可以更细粒度地补偿数据提供者。此外，HORAE 可以调控服务提供商的盈利率，同时规避用户的套利攻击。最后，HORAE 只产生较低的在线延时和内存开销。

其次，本书提出了隐私可保护的模型推理结果批量验证协议 MVP。与安全模型推理已有的研究工作相比，从安全隐私保证的角度来看，MVP 主要关注如何同时实现结果可验证性、模型的机密性和测试数据的隐私，而已有工作仅仅考虑了 3 个性质当中的部分性质；从技术创新性来看，MVP 依赖多项式分解、素数阶的双线性群和改进版的 BGN 同态加密协议。MVP 进一步通过双线性实现批量结果验证和验证器聚合，大幅削减计算和通信开销。MVP 是第一个利用这些密码学和非密码学的基本工具，同时实现了模型推理的隐私保护和可验证性。此外，MVP 不依赖于任何的安全硬件，而这是一些已有工作的基石。实验将 MVP 实例化了支持向量机模型和垃圾短信检测任务，并在 3 个实际的短信服务数据集上进行了测试。实验结果主要从计算开销和通信开销表明了 MVP 的轻量化以及良好的拓展性。

最后，本书面向阿里巴巴手机淘宝中超大规模电商推荐场景，考虑如何从 20 亿量级的商品库中，为 10 亿量级的移动终端用户进行精准、个性化与实时的推荐，同时保证用户的数据始终不离开设备本地。本书发现基于完整模型的传统联合学习框架对于大规模的深度学习任务和资源受限的移动终端设备来说是不可行的。为此，本书提出了联合子模型学习框架，解除了联合学习对于大规模全局模型的依赖。在子模型框架下，本书发现并解决了如下问题：①由于终端真实的子模型位置与本地数据之间存在的关联性所造成的隐私泄露风险；②安全聚合子模型更新过程中由不同终端子模型的错位性所造成的隐私泄露风险和聚合偏差。具体来说，本书提出了安全联合子模型学习协议，并设计了安全多方集合并集计算协议和联合子模型均值算法作为基石。安全协议主要利用随机回答、安全聚合以及布隆过滤器，赋予了终端对于其子模型真实位置的抵赖性，从而保护数据隐私。其中，抵赖性的强度可以用本地差分隐私来量化且允许终端本地调控。联合子模型均值则通过特征相关的数据量细粒度地加权子模型更新，消除了因不同终端子模型的高度未对齐性造成的聚合误差。实验实现了原型系统，并在 30 天的手机淘宝数据集上进行了广泛的测试。实验结果从模型准确率、通信开销、计算开销、存储开销等方面均体现了方案的可行性，同时显示了联合子模型学习相比于联合学习的巨大优势。

　　总结来说，感知数据分析服务中隐私补偿及查询定价机制和模型推理服务中隐私可保护的批量结果验证协议在数据迁移模式下打通了从精准的需求刻画、充分的需求满足，到高效的结果验证的完整链路，实现了隐私安全、效用可信的数据迁移。联合子模型学习方法及隐私保护机制解决了产业级深度学习模型参数的大规模性与终端设备资源受限之间的根本矛盾，实现了从安全可信的数据迁移到计算迁移的跨越。

6.2　研究展望

　　下面从数据和模型交易以及端云协同两个方面对物联网数据的安全可信共享这一研究方向进行展望。

6.2.1　数据和模型交易

数据交易在交易形式、酬劳补偿机制和定价机制等方面仍然有很多可能的研究机遇，细节如下。

交易形式：本书的研究内容以及许多数据交易现有的工作主要采用查询的方式服务用户，例如关系型数据库的查询、对于数据分析结果的查询，以及基于机器学习和深度学习模型的推理查询。后续可以探索更多的交易方式，例如生成数据、模型本身等。具体而言，生成数据或者数据生成器不仅可以保护供给侧数据提供者的隐私，还能起到数据增强的作用，因此可以提高对于需求侧用户的效用。此外，基于生成数据或者数据生成器，用户还能自主地分析数据，灵活度更高。关于模型本身的交易，现有工作主要将之类比于数据交易，而忽略了模型相比于数据的差异性和复杂性。例如，如果将训练过程抽象成一个非线性函数，那么模型可以看作以数据为输入的非线性函数的输出，而数据本身可以看作以数据为输入的恒等函数的输出，其中恒等函数是简单线性的。进一步地讲，如果允许用户购买不同精度的模型，同时实现对数据提供者训练数据严格的隐私保护，就可以采用保证差分隐私的训练算法，在迭代优化过程中添加噪声干扰，这也区别于直接干扰数据。

酬劳补偿机制：在新的交易形式下，如何合理地酬劳和补偿数据提供者是值得研究的问题。关键在于如何公平地度量不同数据提供者的贡献。例如，基于不同数据子集训练出的不同模型，精确度往往不同，需要面向模型效用评估每条数据的单点影响以及一组数据的群体影响。然而，由于数据关联性等特性，群体影响无法直接通过单点影响的累加获得。此外，如果服务提供商以流数据的方式采集和处理数据，并在线地更新模型和分析推理结果，如何增量式度量新的数据提供者的贡献是一个有趣的问题。关键在于如何叠加数据、模型和结果在时间维度上的变化，例如，如何评估早参与和晚参与并提供高质量数据（甚至相同数据）的两个不同数据提供者的贡献是一个开放问题。

定价机制：面向用户差异化的需求，如何允许不同交易形式的共存甚至混合同时保证定价机制的无套利性是一个颇具挑战的问题，例如有些用户购买图片生成器，有些用户购买面向感知时序数据的分析服务，而有些用户既购买模型也购买分析推理服务。关键在于需要形式化地定义不同交易形式之间的决定关系以及在同一个交易形式内不同服务请求之间的决定关系，而决定关系往往是非平凡的。例如，基于同一个训练数据集的不同子集训练出的不同模型之间的决定关系往往是非单调的、非线性的，如何定义这种非线性的决定关系依然属于开放问题。此外，如果某一个用户同时购买了模型和推理服务，那么模型是主要消费而推理服务则是附加消费，如何定价用户的混合型服务请求是一个有趣的问题。除了定价的无套利性质之外，如何面向动态的交易市场，优化不同参与方的累积收益是个值得研究的方向。例如，数据市场中的服务提供商往往以收益最大化为目标，此时需要考虑如何动态优化长期收益，潜在的工具包括强化学习等。

6.2.2 端云协同

基于数据迁移模式的分析推理服务交易需要协调服务器集中原始数据，主要计算在云服务端，充分发挥了云服务端的优势，并规避了终端的劣势；基于计算迁移的联合学习则无须集中原始数据，主要计算分布在海量的终端设备上，充分发挥了终端的优势，规避了云服务端的劣势。因此，本书的研究从顶层来看属于端云协调设计的范畴，而该方向在顶层协同框架、底层优化算法、应用层学习算法、终端管控、标准化和工程基础等方面具有极大的探索价值和潜力。

顶层协同框架：在高效可拓展的协同框架方面，谷歌的联合学习以及本书提出的联合子模型学习主要共享模型参数，而未来可以探索共享数据、特征或者多种内容的混合。此外，现有的多终端协同框架主要采用同步框架，未来可以针对快慢机、宕机等实际问题，进一步优化同步框架以降低延时，或者设计其他的异步框架，抑或探索其他全新的端云协同框架。例如，联合（子模型）学习框架本质上主要采用了经典的参数服务器架构，需要协调服务器作为终端通信的中继，未来则可以探索无参数服务器的架构，例如终端间直接通信，并研究类似于 **MapReduce** 和 **AllReduce** 的终端间分布式机器学习架构。

底层优化算法：面向数据量不均衡、数据分布不一致、设备间歇可用等设置，已有的分布式优化相关工作在特定的假设下证明了收敛性，例如优化目标函数的凹凸性和连续性、梯度的有界性、设备的可用性等。然而，如何判断不同假设的强弱关系以及如何判断对于收敛性的充分必要性是值得研究的问题。例如，对于联合学习底层的联合均值算法，找到并证明满足哪些必要的条件可以保证其收敛性，以及在哪些条件下会发散。此外，面向非独立同分布数据和非凸优化目标，设计新的保证良好收敛性、同时逼近理论最优点的分布式优化算法是可能的研究方向。

应用层学习算法：在精准学习算法的设计方面，目前联合学习的优化目标是全局模型，在此目标的导向下，联合学习无法在准确率方面超过传统集中式学习。但如果不同终端使用不同模型，这些个性化的模型相比于全局模型在终端本地的数据分布可以表现得更为精准。因此，端上个性化学习算法设计是未来可能的研究方向，也是产业界目前落地端上智能计算的重要方向。然而，基于端上训练的模型极致个性化，迫切需要解决小样本学习的数据量少、泛化误差大的理论困境，潜在的工具包括数据共享、模型共享（例如联合学习）、用户聚类、元学习、多任务学习、迁移学习等。除了个性化之外，目前的学习算法主要针对单模态数据，面向多模态异质混合数据的算法设计也是未来可能的研究方向。

终端管控：不同于云上所有服务器受数据中心完全控制、可靠性高，终端设备受用户控制，可控性低、可靠性差。针对恶意终端的攻击目标与方式，设计检测和防御机制是迫切需要解决的问题。例如，在端云协同计算的过程中，如何识别终端是诚实终端还是发起了后门攻击、数据毒药、模型反演等攻击的恶意终端。此外，探索如何建立完整长期的终端信誉管理体系，包括奖惩机制、追溯机制等，是未来潜在的重要方向。

标准化和工程基础：基于云服务端的智能计算起步早，目前发展比较成熟。相比之下，终端设备上智能计算起步晚，工程基础相对薄弱，开发部署比较困难，因此迫切需要完善、开源和标准化端上智能计算的代码框架。目前，谷歌 Tensorflow Lite、阿里巴巴 MNN、腾讯的 ncnn、百度的 Paddle Lite、苹果的 Core ML 等面向端侧的开源代码框架已经广泛支持模型推理，但只有 MNN 能够初步支持端上训练，而这是支撑端云协同学习（例如终端间联合学习等）探索必不可少的基石。除了开源代码框架外，适合端云协同学习的数据集和测试基准也存在一定的缺口。

参考文献

［1］ 中国信息通信研究院．物联网终端安全白皮书（2019）［Z/OL］．（2019-11-15）．http://www.caict.ac.cn/kxyj/qwfb/bps/201911/t20191115_269625.htm.

［2］ 中国信息通信研究院.物联网白皮书（2018 年）［Z/OL］.（2018-12-12）.http://www.caict.ac.cn/kxyj/qwfb/bps/201812/t20181210_190297.htm.

［3］ 中共中央,国务院.关于构建更加完善的要素市场化配置体制机制的意见［Z/OL］.（2020-04-09）.http://www.gov.cn/zhengce/2020-04/09/content_5500622.htm.

［4］ WIKIPEDIA.Facebook-Cambridge Analytica data scandal［Z/OL］.（2018-04-04）.https://en.wikipedia.org/wiki/Facebook-Cambridge_Analytica_data_scandal.

［5］ 新京报.酒店集团接连发生信息泄露,谁来敲响安全警钟?［Z/OL］.（2018-12-01）.https://www.bjnews.com.cn/detail/154359507714015.html.

［6］ 新京报.华住5亿条用户信息疑泄露警方已介入调查［Z/OL］.（2018-08-29）.https://www.bjnews.com.cn/detail/155153189514907.html.

［7］ 央视财经.3·15晚会曝光｜智联招聘、猎聘平台简历给钱就可随意下载,大量流向黑市!［Z/OL］.（2021-03-15）.https://news.cctv.

com/2021/03/15/ARTIVyd2R7kvms6uiIsmrD8P210315. shtml.

[8] 央视财经.3·15晚会曝光｜科勒卫浴、宝马、MaxMara商店安装人脸识别摄像头,海量人脸信息已被搜集![Z/OL]. (2021-03-15). https://news. cctv. com/2021/03/15/ARTIieo9QjynMSXTVDb224 QE210315. shtml.

[9] 央视财经.3·15晚会曝光｜手机清理软件黑手伸向爸妈!它们正将老人推向诈骗深渊...[Z/OL]. (2021-03-15). https://news. cctv. com/2021/03/15/ARTINgwV0gtECEY3C18iF2Ak2103 15. shtml.

[10] 人民日报.丢掉责任,企业还能走多远[Z/OL]. (2016-05-03). http://opinion. people. com. cn/n1/2016/0503/c1003-28319094. html.

[11] 央视财经.3·15晚会曝光｜揭秘360搜索医药广告造假链条,UC浏览器涉及为无资质公司投虚假医药广告[Z/OL]. (2021-03-15). https://news. cctv. com/2021/03/15ARTI7Syo4OTqfEx7o 5AjGMdz210315. shtml.

[12] 科技日报.十三届全国人大常委会举行专题讲座,专家梅宏表示——大数据共享有三难:"不愿""不敢""不会"[Z/OL]. (2019-10-29). http://digitalpaper. stdaily. com/http_www. kjrb. com/kjrb/html/2019-10/29/content_433625. htm.

[13] International DataCorporation (IDC). Worldwide Global Data-Sphere IoT Device and Data Forecast, 2020-2024 [Z/OL]. (2020). https://www. idc. com/research/viewtoc. jsp? container-erId=US46718220.

[14] European Parliament and Council of the European Union. The General Data Protection Regulation (EU)2016/679 (GDPR)[Z/OL]. (2016-04-05). https://eur-lex. europa. eu/eli/reg/2016/679/oj.

[15] 全国人民代表大会.《中华人民共和国数据安全法(草案)[Z/OL]. (2020-06-28). http://www. npc. gov. cn/flcaw/flca/

ff80808172b5fee801731385d3e429dd/attachment. pdf.

[16] MCMAHAN H B, MOORE E, RAMAGE D, et al. Communica-tion-Efficient Learning of Deep Networks from Decentralized Data [C]//Proc. of AISTATS. New York: PMLR, 2017: 1273-1282.

[17] YANG Q, LIU Y, CHEN T, et al. Federated Machine Learning: Concept and Applications[J]. ACM Transactions on Intelligent Systems and Technology, 2019, 10(2):1-19.

[18] LI M, ANDERSEN D G, PARK J W, et al. Scaling Distributed Machine Learning with the Parameter Server[C]//Proc. of USE-NIX OSDI. New York: ACM, 2014: 583-598.

[19] NIU C, ZHENG Z, WU F, et al. Unlocking the Value of Priva-cy: Trading Aggregate Statistics over Private Correlated Data [C]//Proc. of KDD. New York: ACM, 2018: 2031-2040.

[20] NIU C, ZHENG Z, TANG S, et al. Making Big Money from Small Sensors: Trading Time-Series Data under Pufferfish Privacy[C]//Proc. of INFOCOM. Cambridge: IEEE, 2019: 568-576.

[21] NIU C, ZHENG Z, WU F, et al. Online Pricing with Reserve Price Constraint for Personal Data Markets[C]//Proc. of ICDE. Cambridge: IEEE, 2020: 1978-1981.

[22] NIU C, ZHENG Z, WU F, et al. Online Pricing with Reserve Price Constraint for Personal Data Markets[J]. IEEE Transactions on Knowledge and Data Engineering, 2020, 34(4):1928-1943.

[23] NIU C, ZHENG Z, WU F, et al. ERATO: Trading Noisy Aggre-gate Statistics over Private Correlated Data[J]. IEEE Transactions on Knowledge and Data Engineering, 2021, 33(3): 975-990.

[24] NIU C, ZHENG Z, WU F, et al. Trading Data in Good Faith: Integrating Truthfulness and Privacy Preservation in Data Markets [C]//Proc. of ICDE. Cambridge: IEEE, 2017: 223-226.

[25] NIU C, ZHENG Z, WU F, et al. Achieving Data Truthfulness and Privacy Preservation in Data Markets[J]. IEEE Transactions on Knowledge and Data Engineering, 2019, 31(1): 105-119.

[26] NIU C, WU F, TANG S, et al. Toward Verifiable and Privacy Preserving Machine Learning Prediction[J]. IEEE Transactions on Dependable and Secure Computing, 2022,19(3):1703-1721.

[27] NIU C, WU F, TANG S, et al. Billion-Scale Federated Learning on Mobile Clients: A Submodel Design with Tunable Privacy [C]//Proc. of MobiCom. New York:ACM, 2020:1-14.

[28] XUE Y, NIU C, ZHENG Z, et al. Toward Understanding the Influence of Individual Clients in Federated Learning[C]//Proc. of AAAI. Palo Alto:AAAI Press, 2021: 10560-10567.

[29] GU R, NIU C, WU F, et al. From Server-Based to Client-Based Machine Learning: A Comprehensive Survey[J]. ACM Computing Surveys, 2021, 54(1): 6:1-6:36.

[30] BALAZINSKA M, HOWE B, SUCIU D. Data Markets in the Cloud: An Opportunity for the Database Community[J]. PVLDB, 2011, 4(12): 1482-1485.

[31] KOUTRIS P, UPADHYAYA P, BALAZINSKA M, et al. Query-Based Data Pricing[J]. Journal of the ACM, 2015, 62(5): 1-44.

[32] LIN B, KIFER D. On Arbitrage-Free Pricing for General Data Queries[J]. PVLDB, 2014, 7(9): 757-768.

[33] LIU Z, HACIGÜMÜS H. Online Optimization and Fair Costing for Dynamic Data Sharing in A Cloud Data Market[C]//Proc. of SIGMOD. New York:ACM, 2014: 1359-1370.

[34] DEEP S, KOUTRIS P. The Design of Arbitrage-Free Data Pricing Schemes[C]//Proc. of ICDT. Wadern: Schloss Dagstuhl-Leibniz-Zentrum für Informatik, 2017: 1-18.

[35] DEEP S, KOUTRIS P. QIRANA: A Framework for Scalable Query Pricing[C]//Proc. of SIGMOD. New York:ACM, 2017: 699-713.

[36] CHAWLA S, DEEP S, KOUTRIS P, et al. Revenue Maximization for Query Pricing[J]. PVLDB, 2019, 13(1): 1-14.

[37] AGARWAL A, DAHLEH M,SARKAR T. A Marketplace for Data: An Algorithmic Solution[C]//Proc. of EC. New York:ACM,

2019: 701-726.

[38] LAUDON K C. Markets and Privacy[J]. Communications of the ACM, 1996, 39(9): 92-104.

[39] GHOSH A, ROTH A. Selling Privacy at Auction[C]//Proc. of EC. New York:ACM, 2011: 199-208.

[40] LI C, LI D Y, MIKLAU G, et al. A Theory of Pricing Private Data [J]. ACM Transactions on Database Systems, 2014, 39(4):1-28.

[41] HYNES N, DAO D, YAN D, et al. A Demonstration of Sterling: A Privacy-Preserving Data Marketplace[J]. PVLDB, 2018, 11 (12): 2086-2089.

[42] CHEN L, KOUTRIS P, KUMAR A. Towards Model-Based Pricing for Machine Learning in a Data Marketplace[C]//Proc. of SIGMOD. New York:ACM, 2019: 1535-1552.

[43] JUNG T, LI X, HUANG W, et al. AccountTrade: Accountability Against Dishonest Big Data Buyers and Sellers [J]. IEEE Transactions on Information Forensics and Security, 2019, 14 (1): 223-234.

[44] WANG W, YING L, ZHANG J. The Value of Privacy: Strategic Data Subjects, Incentive Mechanisms and Fundamental Limits [C]//Proc. of SIGMETRICS. New York:ACM, 2016: 249-260.

[45] XU L, JIANG C, QIAN Y, et al. Dynamic Privacy Pricing: A Multi-Armed Bandit Approach With Time-Variant Rewards[J]. IEEE Transactions on Information Forensics and Security, 2017, 12(2): 271-285.

[46] GENNARO R, GENTRY C, PARNO B. Non-Interactive Verifiable Computing: Outsourcing Computation to Untrusted Workers [C]//Proc. of CRYPTO. Berlin:Springer, 2010: 465-482.

[47] MICALI S. Computationally Sound Proofs[J]. SIAM Journal on Computing, 2000, 30(4): 1253-1298.

[48] BITANSKY N, CANETTI R, CHIESA A, et al. Recursive Composition and Bootstrapping for SNARKS and Proof-Carrying Data

[C]//Proc. of STOC. New York:ACM, 2013: 111-120.

[49] GENNARO R, GENTRY C, PARNO B, et al. Quadratic Span Programs and Succinct NIZKs without PCPs[C]//Proc. of EURO-CRYPT. Berlin:Springer, 2013: 626-645.

[50] CATALANO D, FIORE D. Practical Homomorphic MACs for A-rithmetic Circuits[C]//Proc. of EUROCRYPT. Berlin:Springer, 2013: 336-352.

[51] GENNARO R, WICHS D. Fully Homomorphic Message Authentica-tors[C]//Proc. of ASIACRYPT. Berlin:Springer, 2013: 301-320.

[52] BACKES M, FIORE D, REISCHUK R M. Verifiable Delegation of Computation on Outsourced Data [C]//Proc. of CCS. New York:ACM, 2013: 863-874.

[53] CATALANO D, FIORE D, WARINSCHI B. Homomorphic Sig-natures with Efficient Verification for Polynomial Functions[C]//Proc. of CRYPTO. Berlin:Springer, 2014: 371-389.

[54] KATE A, ZAVERUCHA G M, GOLDBERG I. Constant-Size Commitments to Polynomials and Their Applications[C]//Proc. of ASIACRYPT. Berlin:Springer, 2010: 177-194.

[55] PAPAMANTHOU C, SHI E, TAMASSIA R. Signatures of Correct Computation[C]//Proc. of TCC. Berlin:Springer, 2013: 222-242.

[56] CATALANO D, FIORE D, WARINSCHI B. Homomorphic Sig-natures with Efficient Verification for Polynomial Functions[C]//Proc. of CRYPTO. Berlin:Springer, 2014: 371-389.

[57] FIORE D, GENNARO R, PASTRO V. Efficiently Verifiable Computation on Encrypted Data[C]//Proc. of CCS. New York:ACM, 2014: 844-855.

[58] BOST R, POPA R A, TU S, et al. Machine Learning Classifica-tion over Encrypted Data[C]//Proc. of NDSS. Reston:The Inter-net Society, 2015:331-364.

[59] GILAD-BACHRACH R, DOWLIN N, LAINE K, et al. Cryp-toNets: Applying Neural Networks to Encrypted Data with High

Throughput and Accuracy[C]//Proc. of ICML. New York：PMLR，2016：201-210.

[60] LIU J, JUUTI M, LU Y, et al. Oblivious Neural Network Predictions via MiniONN Transformations[C]//Proc. of CCS. New York：ACM, 2017：619-631.

[61] JUVEKAR C, VAIKUNTANATHAN V, CHANDRAKASAN A. GAZELLE：A Low Latency Framework for Secure Neural Network Inference[C]//Proc. of USENIX Security. Berkeley：USENIX Association,2018：1651-1669.

[62] RIAZI M S, SAMRAGH M, CHEN H, et al. XONN：XNOR-Based Oblivious Deep Neural Network Inference[C]//Proc. of USENIX Security. Berkeley：USENIX Association,2019：1501-1518.

[63] CHEN H, DAI W, KIM M, et al. Efficient Multi-Key Homomorphic Encryption with Packed Ciphertexts with Application to Oblivious Neural Network Inference[C]//Proc. of CCS. New York：ACM, 2019：395-412.

[64] MISHRA P, LEHMKUHL R, SRINIVASAN A, et al. Delphi：A Cryptographic Inference Service for Neural Networks[C]//Proc. of USENIX Security. Berkeley：USENIX Association,2020：2505-2522.

[65] KUMAR N, RATHEE M, CHANDRAN N, et al. CrypTFlow：Secure TensorFlow Inference [C]//Proc. of S&P. Cambridge：IEEE, 2020：336-353.

[66] Ghodsi Z, GU T, GARG S. SafetyNets：Verifiable Execution of Deep Neural Networks on an Untrusted Cloud[C]//Proc. of NeurIPS. Red Hook：Curran Associates Incorporated,2017：4672-4681.

[67] LEE S, KO H, KIM J, et al. VCNN：Verifiable Convolutional Neural Network[R]. Cryptology ePrint Archive, 2020：584.

[68] TRAMÈR F, BONEH D. Slalom：Fast, Verifiable and Private Execution of Neural Networks in Trusted Hardware[C]//Proc. of ICLR Isaka City：avXiv. org,2019,arXiv：1806. 03287.

[69] TRAMÈR F, ZHANG F, JUELS A, et al. Stealing Machine

Learning Models via Prediction APIs[C]//Proc. of USENIX Security. Berkeley:USENIX Association,2016: 601-618.

[70] JAGIELSKI M, CARLINI N, BERTHELOT D, et al. High Accuracy and High Fidelity Extraction of Neural Networks[C]//Proc. of USENIX Security. Berkeley:USENIX Association,2020:1345-1362.

[71] CHANDRASEKARAN V, CHAUDHURI K, GIACOMELLI I, et al. Exploring Connections Between Active Learning and Model Extraction[C]//Proc. of USENIX Security. Berkeley:USENIX Association,2020: 1309-1326.

[72] LOWD D, MEEK C. Adversarial Learning[C]//Proc. of KDD. New York:ACM, 2005: 641-647.

[73] SRNDIC N, LASKOV P. Practical Evasion of a Learning-Based Classifier: A Case Study[C]//Proc. of S&P. Cambridge:IEEE, 2014: 197-211.

[74] BIGGIO B, CORONAL I, MAIORCA D, et al. Evasion Attacks against Machine Learning at Test Time[C]//Proc. of ECML PKDD. Berlin:Springer, 2013: 387-402.

[75] CO K T, MUÑOZGONZÁLEZ L, DE MAUPEOU S, et al. Procedural Noise Adversarial Examples for Black-Box Attacks on Deep Convolutional Networks [C]//Proc. of CCS. New York: ACM, 2019: 275-289.

[76] KESARWANI M, MUKHOTY B, ARYA V, et al. Model Extraction Warning in MLaaS Paradigm [C]//Proc. of ACSAC. New York:ACM, 2018: 371-380.

[77] PAPERNOT N, MCDANIEL P D, WU X, et al. Distillation as a Defense to Adversarial Perturbations Against Deep Neural Networks[C]//Proc. of S&P. Cambridge:IEEE, 2016: 582-597.

[78] TAO G, MA S, LIU Y, et al. Attacks Meet Interpretability: Attribute-Steered Detection of Adversarial Samples [C]//Proc. of NeurIPS. Red Hook:Curran Associates Incorporated,2018: 7728-7739.

［79］ KAIROUZ P, MCMAHAN H B, AVENT B, et al. Advances and Open Problems in Federated Learning［J/OL］. arXiv. org, 2019, arXiv:1912. 04977. http://arXiv. org/abs11912. 04977.

［80］ LI T, SAHU A K, TALWALKAR A, et al. Federated Learning: Challenges, Methods, and Future Directions［J］. IEEE Signal Processing Magazine, 2020, 37(3): 50-60.

［81］ BONAWITZ K, IVANOV V, KREUTER B, et al. Practical Secure Aggregation for PrivacyPreserving Machine Learning［C］// Proc. of CCS. New York: ACM, 2017: 1175-1191.

［82］ MCMAHAN H B, RAMAGE D, TALWAR K, et al. Learning Differentially Private Recurrent Language Models［C］//Proc. of ICLR. Isaka City: arXiv. org, 2018, arXiv:1710. 06963.

［83］ ABADI M, CHU A, GOODFELLOW I J, et al. Deep Learning with Differential Privacy［C］//Proc. of CCS. New York: ACM, 2016: 308-318.

［84］ FELDMAN V, MIRONOV I, TALWAR K, et al. Privacy Amplification by Iteration［C］//Proc. of FOCS. Cambridge: IEEE, 2018: 521-532.

［85］ BAGDASARYAN E, VEIT A, HUA Y, et al. How To Backdoor Federated Learning［C］//Proc. of AISTATS. New York: PMLR, 2020: 2938-2948.

［86］ MELIS L, SONG C, CRISTOFARO E D, et al. Exploiting Unintended Feature Leakage in Collaborative Learning［C］//Proc. of S&P. Cambridge: IEEE, 2019: 691-708.

［87］ NASR M, SHOKRI R, HOUMANSADR A. Comprehensive Privacy Analysis of Deep Learning: Passive and Active White-Box Inference Attacks against Centralized and Federated Learning ［C］//Proc. of S&P. Cambridge: IEEE, 2019: 739-753.

［88］ SURESH A T, YU F X, KUMAR S, et al. Distributed Mean Estimation with Limited Communication［C］//Proc. of ICML. New York: PMLR, 2017: 3329-3337.

[89] AGARWAL N, SURESH A T, YU F, et al. cpSGD: Communi-cation-Efficient and Differentially-Private Distributed SGD[C]// Proc. of NeurIPS. Red Hook: Curran Associates Incorported, 2018: 7575-7586.

[90] CALDAS S, KONEČNY J, MCMAHAN H B, et al. Expanding the Reach of Federated Learning by Reducing Client Resource Requirements[J/OL]. arXix. org, 2018, arXiv: 1812. 07210. ht-tp://alXiv. org/abs/1812. 07210.

[91] YU H, YANG S, ZHU S. Parallel Restarted SGD with Faster Convergence and Less Communication: Demystifying Why Model Averaging Works for Deep Learning[C]//Proc. of AAAI. Palo Al-to:AAAI Press, 2019: 5693-5700.

[92] LI X, HUANG K, YANG W, et al. On the Convergence of Fe-dAvg on Non-IID Data[C]//Proc. of ICLR. Isaka City:arXiv. org, 2019, arXiv:1907. 02189.

[93] YU H, JIN R, YANG S. On the Linear Speedup Analysis of Communication Efficient Momentum SGD for Distributed Non-Convex Optimization [C]//Proc. of ICML. New York: PMLR, 2019: 7184-7193.

[94] KARIMIREDDY S P, KALE S, MOHRI M, et al. SCAFFOLD: Stochastic Controlled Averaging for Federated Learning [C]// Proc. of ICML. New York:PMLR, 2020: 5132-5143.

[95] EICHNER H, KOREN T, MCMAHAN H B, et al. Semi-Cyclic Stochastic Gradient Descent[C]//Proc. of ICML. New York:PM-LR, 2019: 1764-1773.

[96] MOHRI M, SIVEK G, SURESH A T. Agnostic Federated Learn-ing[C]//Proc. of ICML. New York:PMLR, 2019: 4615-4625.

[97] SMITH V, CHIANG C K, SANJABI M, et al. Federated Multi-Task Learning[C]//Proc. of NeurIPS. Red Hook:Curran Associates In-corported, 2017: 4424-4434.

[98] CHEN F, LUO M, DONG Z, et al. Federated Meta-Learning

with Fast Convergence and Efficient Communication[J/OL]. arXiv. org, 2018, arXiv: 1802. 07876. http://arxiv. org/abs/ 1802. 07876.

[99] HARD A, RAO K, MATHEWS R, et al. Federated Learning for Mobile Keyboard Prediction [J/OL]. arXiv. org, 2018, arXiv: 1811. 03604. http://arxiv. org/abs/1811. 03604.

[100] YANG T, ANDREW G, EICHNER H, et al. Applied Federated Learning: Improving Google Keyboard Query Suggestions [J/OL]. arXiv. org,2018,arXiv: 1812. 02903. http://arxiv. org/ abs/1812. 02903.

[101] CHEN M, MATHEWS R, OUYANG T, et al. Federated Learning Of Out-Of-Vocabulary Words[J/OL]. arXiv. org. 2019,arXiv: 1903. 10635. http://arxiv. org/abs/1903. 10635.

[102] RAMASWAMY S, MATHEWS R, RAO K, et al. Federated Learning for Emoji Prediction in a Mobile Keyboard[J/OL]. arXiv. org, 2019, arXiv: 1906. 04329. http://arxiv. org/abs/ 1906. 04329.

[103] BONAWITZ K, EICHNER H, GRIESKAMP W, et al. Towards Federated Learning at Scale: System Design[C]//Proc. of ML-Sys. Isaka City:arXiv. org,2019,arXiv:1902. 010146.

[104] GOOGLE. TensorFlow Federated: Machine Learning on Decentralized Data [Z/OL]. (2019-03-06). https://www. tensorflow. org/federated.

[105] WEBANK. Federated AI Technology Enabler (FATE)[Z/OL]. (2019). https://fate. fedai. org/.

[106] BAIDU. Paddle Federated Learning[Z/OL]. (2022-03-09). https://github. com/PaddlePaddle/PaddleFL.

[107] NVIDIA. NVIDIA Clara: An Application Framework Optimized for Healthcare and Life Sciences Developers[Z/OL]. (2019). https://developer. nvidia. com/clara.

[108] OPENMINDED. PySyft: A Python library for secure, private ma-

chine learning[Z/OL]. (2018). https://www. openmined. org/.

[109] CALDAS S, WU P, LI T, et al. LEAF: A Benchmark for Federated Settings[J/OL]. arXiv. org, 2018, arXiv:1812. 01097. http://arxiv. org/abs/1812. 01097.

[110] KIFER D, MACHANAVAJJHALA A. Pufferfish: A Framework for Mathematical Privacy Definitions[J]. ACM Transactions on Database Systems, 2014, 39(1):1-36.

[111] DWORK C, MCSHERRY F, NISSIM K, et al. Calibrating Noise to Sensitivity in Private Data Analysis[C]//Proc. of TCC. Berlin:Springer, 2006: 265-284.

[112] DWORK C, ROTH A. The Algorithmic Foundations of Differential Privacy[J]. Foundations and Trends in Theoretical Computer Science, 2014, 9(3-4): 211-407.

[113] SONG S, WANG Y, CHAUDHURI K. Pufferfish Privacy Mechanisms for Correlated Data[C]//Proc. of SIGMOD. New York: ACM, 2017: 1291-1306.

[114] ARAS DATASETS. Activity Recognition with Ambient Sensing (ARAS) Dataset[Z/OL]. (2013). https://www. cmpe. boun. edu. tr/aras/.

[115] CORTES C, VAPNIK V N. Support-Vector Networks[J]. Machine Learning, 1995, 20(3): 273-297.

[116] MENEZES A, VANSTONE S A, OKAMOTO T. Reducing Elliptic Curve Logarithms to Logarithms in a Finite Field[C]//Proc. of STOC. Cambridge:IEEE, 1991: 80-89.

[117] FREEMAN D M. Converting Pairing-Based Cryptosystems from Composite-Order Groups to Prime-Order Groups[C]//Proc. of EUROCRYPT. Berlin:Springer, 2010: 44-61.

[118] BONEH D, BOYEN X. Short Signatures Without Random Oracles and the SDH Assumption in Bilinear Groups[J]. Journal of Cryptology, 2008, 21(2): 149-177.

[119] BONEH D, GOH E, NISSIM K. Evaluating 2-DNF Formulas on

Ciphertexts[C]//Proc. of TCC. Berlin:Springer, 2005: 325-341.

[120] PARK S, SPECTER M, NARULA N, et al. Going from Bad to Worse: From Internet Voting to Blockchain Voting[R/OL]. Cambridge: MIT Press, 2020. http://people. csail. mit. edu/rivest/pubs/PSNR20. pdf.

[121] NIKOLAENKO V, WEINSBERG U, IOANNIDIS S, et al. Privacy-Preserving Ridge Regression on Hundreds of Millions of Records[C]//Proc. of S&P. Cambridge:IEEE, 2013: 334-348.

[122] MOHASSEL P, ZHANG Y. SecureML: A System for Scalable Privacy-Preserving Machine Learning[C]//Proc. of S&P. Cambridge:IEEE, 2017: 19-38.

[123] PEDRESEN T P. A Threshold Cryptosystem without a Trusted Party[C]//Proc. of EUROCRYPT. Berlin:Springer, 1991: 522-526.

[124] CAMENISCH J, HOHENBERGER S, PEDERSEN M Ø. Batch Verification of Short Signatures[C]//Proc. of EUROCRYPT. Berlin:Springer, 2007: 246-263.

[125] LIVNI R, SHALEV-SHWARTZ S, SHAMIR O. On the Computational Efficiency of Training Neural Networks[C]//Proc. of NeurIPS. Red Hook:Curran Associates Incorported,2014: 855-863.

[126] TIAGO A ALMEIDA. SMS Spam Collection v. 1[Z/OL]. (2011). http://www. dt. fee. unicamp. br/%7Etiago/smsspamcollection/.

[127] DUBLIN INSTITUF E OF TECHNOLOGY. DIT SMS Spam Dataset[Z/OL]. (2012). http://www. dit. ie/computing/research/resources/sm sdata/.

[128] NATIONAL UNIVERSITY OF SINGAPORE. NUS SMS Corpus[Z/OL]. (2015). https://github. com/kite1988/nus-sms-corpus.

[129] BEN LYNH. PBC Library[Z/OL]. (2006). https://crypto. stanford. edu/pbc/.

[130] FREDRIKSON M, LANTZ E, JHA S, et al. Privacy in Pharmacogenetics: An End-to-End Case Study of Personalized War-

farin Dosing[C]//Proc. of USENIX Security. Berkeley: USENIX Association,2014: 17-32.

[131] ZHU L, LIU Z, HAN S. Deep Leakage from Gradients[C]// Proc. of NeurIPS. Red Hook: Curran Associates Incorporated, 2019: 14774-14784.

[132] ANGEL S, CHEN H, LAINE K, et al. PIR with Compressed Queries and Amortized Query Processing[C]//Proc. of S&P. Cambridge:IEEE, 2018: 962-979.

[133] CHEN H, HUANG Z, LAINE K, et al. Labeled PSI from Fully Homomorphic Encryption with Malicious Security[C]//Proc. of CCS. New York:ACM, 2018: 1223-1237.

[134] PATEL S, PERSIANO G, YEO K. Private Stateful Information Retrieval[C]//Proc. of CCS. New York:ACM, 2018: 1002-1019.

[135] ERLINGSSON Ú, PIHUR V, KOROLOVA A. RAPPOR: Randomized Aggregatable Privacy-Preserving Ordinal Response[C]// Proc. of CCS. New York:ACM, 2014: 1054-1067.

[136] FANTI G, PIHUR V, ERLINGSSON Ú. Building a RAPPOR with the Unknown: PrivacyPreserving Learning of Associations and Data Dictionaries[J]. Proceedings on Privacy Enhancing Technologies (PoPETs), 2016, 2016(3): 41-61.

[137] APPLE'S DIFFERENTIAL PRIVACY TEAM. Learning with Privacy at Scale[J]. Apple Machine Learning Journal, 2017, 1(8):1-25.

[138] DING B, KULKARNI J, YEKHANIN S. Collecting Telemetry Data Privately[C]//Proc. of NeurIPS. Red Hook:Curran Associates Incorported,2017: 3574-3583.

[139] KASIVISWANATHAN S P, LEE H K, NISSIM K, et al. What Can We Learn Privately? [C]//Proc. of FOCS. Cambridge:IEEE, 2008: 531-540.

[140] WANG T, LI N, JHA S. Locally Differentially Private Frequent Itemset Mining [C]//Proc. of S&P. Cambridge: IEEE, 2018:

127-143.

[141] ERLINGSSON Ú, FELDMAN V, MIRONOV I, et al. Amplification by Shuffling: From Local to Central Differential Privacy via Anonymity [C]//Proc. of SODA. New York: ACMSIAM, 2019: 2468-2479.

[142] WANG T, DING B, ZHOU J, et al. Answering Multi-Dimensional Analytical Queries under Local Differential Privacy[C]// Proc. of SIGMOD. New York: ACM, 2019: 159-176.

[143] WARNER S L. Randomized Response: A Survey Technique for Eliminating Evasive Answer Bias[J]. Journal of the American Statistical Association, 1965, 60(309): 63-69.

[144] KISSNER L, SONG D X. Privacy-Preserving Set Operations [C]//Proc. of CRYPTO. Berlin: Springer, 2005: 241-257.

[145] FRKKEN K. Privacy-Preserving Set Union[C]//Proc. of AC-NS. Berlin: Springer, 2007: 237-252.

[146] SEO J H, CHEON J H, KATZ J. Constant-Round Multi-Party Private Set Union Using Reversed Laurent Series[C]//Proc. of PKC. Berlin: Springer, 2012: 398-412.

[147] HONG J, KIM J W, KIM J, et al. Constant-Round Privacy Preserving Multiset Union[J]. Bulletin of the Korean Mathematical Society, 2013, 50(6): 1799-1816.

[148] KOLESNIKOV V, ROSULEK M, TRIEU N, et al. Scalable Private Set Union from Symmetric-Key Techniques[Z/OL]. IACR Cryptology ePrint Archive, 2019: 776. https://eprint. iacr. org/ 2019/776.

[149] MANY D, BURKHART M, DIMITROPOULOS X. Fast Private Set Operations with SEPIA[R]. Zurich: ETH Zürich, 2012.

[150] DAVIDSON A, CID C. An Efficient Toolkit for Computing Private Set Operations[C]//Proc. of ACISP. Berlin: Springer, 2017: 261-278.

[151] MIYAJI A, SHISHIDO K. Efficient and Quasi-Accurate Multi-

party Private Set Union[C]//Proc. of SMARTCOMP. Cambridge: IEEE, 2018: 309-314.

[152] BLOOM B H. Space/Time Trade-Offs in Hash Coding with Allowable Errors[J]. Communications of the ACM, 1970, 13(7): 422-426.

[153] STAROBINSKI D, TRACHTENBERG A, AGARWAL S. Efficient PDA Synchronization [J]. IEEE Transactions on Mobile Computing, 2003, 2(1): 40-51.

[154] BRODER A, MITZENMACHER M. Network Applications of Bloom Filters: A Sur-vey [J]. Internet Mathematics, 2004, 1 (4): 485-509.

[155] MILLER G A. WordNet: A Lexical Database for English[J]. Communications of the ACM, 1995, 38(11): 39-41.

[156] Morin F, Bengio Y. Hierarchical Probabilistic Neural Network Language Model [C]//Proc. of AISTATS. New York: PMLR, 2005: 246-252.

[157] ZHOU G, ZHU X, SONG C, et al. Deep Interest Network for Click-Through Rate Prediction[C]//Proc. of KDD. New York: ACM, 2018: 1059-1068.

攻读博士学位期间发表的
学术论文

[1]   **NIU C Y**,WU F,TANG S J,et al. Billion-Scale Federated Learn-
      ing on Mobile Clients：A Submodel Design with Tunable Privacy
      [C]//Proceedings of the 26th Annual International Conference on
      Mobile Computing and Networking(MobiCom). New York：ACM,
      2020：405-418. [CCF 推荐 A 类会议]

[2]   **NIU C Y**,ZHENG Z Z,WU F,et al. Online Pricing with Reserve
      Price Constraint for Personal Data Markets[C]//Proceedings of the
      36th IEEE International Conference on Data Engineering(ICDE).
      Cambridge：IEEE,2020：1978-1981. [CCF 推荐 A 类会议]

[3]   **NIU C Y**,ZHENG Z Z,TANG S J,et al. Making Big Money from
      Small Sensors： Trading Time-Series Data under Pufferfish Priva-
      cy,[C]//Proceedings of IEEE International Conference on Comput-
      er Communications (INFOCOM). Cambridge： IEEE, 2019： 568-
      576. [CCF 推荐 A 类会议]

[4]   **NIU C Y**,ZHENG Z Z,WUF,et al. Unlocking the Value of Priva-
      cy：Trading Aggregate Statistics over Private Correlated Data,[C]//
      Proceedings of ACM SIGKDD Conference on Knowledge Discovery
      and Data Mining(KDD). New York：ACM,2018：2031-2040. [CCF
      推荐 A 类会议]

［5］ XUE Y H，**NIU C Y**，ZHENG Z Z，et al. Toward Understanding the Influence of Individual Clients in Federated Learning［C］//Proceedings of the 35th AAAI Conference on Artificial Intelligence（AAAI）. Palo Alto：AAAI Press，2021：10560-10567，［CCF 推荐 A 类会议］

［6］ **NIU C Y**，ZHENG Z Z，WU F，et al. ERATO：Trading Noisy Aggregate Statistics over Private Correlated Data［J］. IEEE Transactions on Knowledge and Data Engineering，2021，33（3）：975-990. ［CCF 推荐 A 类期刊］

［7］ **NIU C Y**，WU F，TANG S J，et al. Toward Verifiable and Privacy Preserving Machine Learning Prediction［J］. IEEE Transactions on Dependable and Secure Computing，2022，19（3）：1703-1721. ［CCF 推荐 A 类期刊］

［8］ **NIU C Y**，ZHENG Z Z，WU F，et al. Online Pricing with Reserve Price Constraint for Personal Data Markets［J］. IEEE Transactions on Knowledge and Data Engineering，2022，34（4）：1928-1943. ［CCF 推荐 A 类期刊］

［9］ **NIU C Y**，ZHENG Z Z，WU F，et al. Achieving Data Truthfulness and Privacy Preservation in Data Markets［J］. IEEE Transactions on Knowledge and Data Engineering，2019，31（1）：105-119. ［CCF 推荐 A 类期刊］

［10］ **NIU C Y**，ZHOU M P，ZHENG Z Z，et al. ERA：Towards Privacy Preservation and Verifiability for Online Ad Exchanges［J］. Elsevier Journal of Network and Computer Applications，2017，98：1-10. ［CCF 推荐 C 类期刊、JCR Q1 区期刊］

［11］ **牛超越**，陈培煜，张嘉懿，等. 面向数据中心间网络带宽的在线定价机制设计：基于强化学习的方法［J］. 计算机学报，2022，45（5）：1068-1086. ［CCF 推荐 A 类中文期刊］

［12］ **牛超越**，郑臻哲，吴帆，等. 个人数据交易：从保护到定价［J］. 中国计算机学会通讯，2019，15（2）：39-45. ［CCF 旗舰刊物］

［13］ GU R J，**NIU C Y**，WU F，et al. From Server-Based to Client-Based Machine Learning：A Comprehensive Survey［J］. ACM Computing Surveys，2021，54（1）：1-36. ［JCR Q1 区期刊］

攻读博士学位期间申请的发明专利

[1] 吴帆，吕承飞，**牛超越**，唐少杰，华立锋，贾荣飞，吴志华，陈贵海．一种对象推荐模型的处理方法、装置以及电子设备：中国，202010120167.7，申请，2020.

[2] 吴帆，吕承飞，**牛超越**，万芯蔚．基于反向传播的终端贡献度量方法：中国，202010978139.9，申请，2020.

[3] 吴帆，吕承飞，严谊凯，**牛超越**，郑臻哲．消除终端动态可用偏差的模型更新量聚合方法：中国，202010979719.X，申请，2020.

[4] 吴帆，吕承飞，丁雨成，**牛超越**，郑臻哲．面向数据周期性的分布式多模型随机梯度下降方法：中国，202010981089.X，申请，2020.

攻读博士学位期间参与的科研项目

[1] 科技部国家重点研发计划"物联网与智慧城市关键技术及示范"重点专项（2019YFB2102203），高时效全域移动自主感知技术，2019 年 12 月至 2022 年 11 月，在研，参与。

[2] 国家自然科学基金面上项目（61972254），大数据交易定价与保护机制的研究，2020 年 1 月至 2023 年 12 月，在研，参与。

[3] 教育部联合基金项目（6141A02033702），面向移动设备的私密可保护分布式联合学习，2019 年 1 月至 2021 年 5 月，已结题，参与。

[4] 阿里巴巴创新研究计划，端云协同超大规模分布式推荐系统的算法研究与系统实现，2018 年 11 月至 2021 年 11 月，在研，参与。

致谢

　　岁月匆匆，四年的时光如白驹过隙，我的博士生涯即将告一段落。在这个樱花盛开的初春时节，当我终于提笔开始写致谢时，往事依依，仿佛 2013 年 9 月作为本科生第一次从"拖鞋门"走进上海交通大学校园、2016 年 9 月"阴差阳错"地选择了直博都发生在昨天。一路走来，有诸多师长、朋友和家人给予了我无私的指导和巨大的支持。我谨在此对他们表示衷心的感谢！

　　感谢我的导师吴帆教授，遇到他并选择他作为我的导师是我的幸运。吴老师参与并见证了我的成长，启发了我的第一个科研想法，细致修改了我的第一篇学术论文，精心指导了我的第一次学术报告。当论文被拒时，他耐心地替我分析原因，鼓励我不断地冲击顶会和顶刊，不要放低对自己的要求。我在科研和生活中遇到困难时，他会倾听我的"哭"诉，替我排忧解难。同时，吴老师以身作则，平时总是工作到很晚，且几乎没有假期。他拼搏奋斗、锐意进取的态度也深深影响着我。此外，吴老师还会经常和我分享他科研和工作的经历与经验，引领着我前行。传道、授业、解惑，吴老师是我心中良师的典范。

感谢我的另一位导师陈贵海教授。陈老师是我们先进网络实验室的掌舵人，为实验室全局的发展倾注了大量的心血，为我们安心科研创造了必要的条件。陈老师对学术前沿的敏锐洞察力、对科研工作的热情、对生活乐观幽默的态度，以及对我一以贯之的鼓励和肯定深深地影响着我，并推动着我前行和突破。通过与陈老师的多次交流，他给我留下了大道至简、返璞归真的印象，他教会我"提出任何新的概念和方法，都要从理论和应用上兜得住""Less is more""认清自身短板"等道理。在陈老师的教导下，我学会了对科研和生活做减法，不浪费精力在一些与自己不相关的或者不重要的事情和问题上，同时努力提升自身影响力。

感谢美国得克萨斯大学达拉斯分校的唐少杰教授和实验室的郑臻哲教授。他们参与了我许多研究工作的打磨，不厌其烦地倾听我对科研和生活的各种抱怨，同时也给予了我全方位的支持和包容。此外，感谢在阿里实习期间合作过的领导和专家们，包括吕行、友闻、盖伯、湘生等。他们开启了我从工业界看问题的新视角，在工程、算法、数据等方面给予了我巨大的支持，并教会我务实的工作态度，即"做成事是首位"；也感谢在阿里实习期间的课题组的成员和我曾有幸指导过的本科生们。他们的青春活力点燃了我，他们脚踏实地的努力使得许多好想法得以实现。

感谢实验室的其他老师们，包括高晓沨教授、孔令和教授和傅洛伊教授，他们在我本科和博士期间的多个答辩与汇报中给予了我指导和帮助。

感谢实验室的各位小伙伴们，能与你们探讨学术问题、聊天吹牛是件非常幸福的事情。

感谢我的父母和两个姐姐，每当我疲惫无助、想放弃的时候，是你们给了我最坚实可靠的肩膀。你们对我默默无私的爱和奉献也将陪伴着我未来的旅程。

最后感谢自己的努力和坚持，度过了许多荒野无灯的时光。

丛书跋

2006 年，中国计算机学会（简称 CCF）创立了 CCF 优秀博士学位论文奖（简称 CCF 优博奖），授予在计算机科学与技术及其相关领域的基础理论或应用基础研究方面有重要突破，或在关键技术和应用技术方面有重要创新的中国计算机领域博士学位论文的作者。微软亚洲研究院自 CCF 优博奖创立之初就大力支持此项活动，至今已有十余年。双方始终维持着良好的合作关系，共同增强 CCF 优博奖的影响力。自创立始，CCF 优博奖激励了一批又一批优秀年轻学者成长，帮他们赢得了同行认可，也为他们提供了发展支持。

为了更好地展示我国计算机学科博士生教育取得的成效，推广博士生科研成果，加强高端学术交流，CCF 委托机械工业出版社以 "CCF 优博丛书" 的形式，全文出版荣获 CCF 优博奖的博士学位论文。微软亚洲研究院再一次给予了大力支持，在此我谨代表 CCF 对微软亚洲研究院表示由衷的感谢。希望在双方的共同努力下，"CCF 优博丛书"可以激励更多的年轻学者做出优秀成果，推动我国计算机领域的科技进步。

唐卫清

中国计算机学会秘书长

2022 年 9 月